建设行业专业人员快速上岗100问丛书

手把手教你当好土建质量员

王文睿　主　编

张乐荣　胡　静　温世洲
曹晓婧　雷济时　马振宇　副主编

何耀森　主　审

U0391439

中国建筑工业出版社

图书在版编目（CIP）数据

手把手教你当好土建质量员/王文睿主编．－北京：
中国建筑工业出版社，2014，11
（建设行业专业人员快速上岗100问丛书）
ISBN 978-7-112-17275-7

Ⅰ.① 手… Ⅱ.① 土… Ⅲ.① 土木工程-工程质
量-质量控制-问题解答 Ⅳ.① TU712-44

中国版本图书馆CIP数据核字（2014）第217010号

建设行业专业人员快速上岗100问丛书
手把手教你当好土建质量员
王文睿 主 编
张乐荣 胡 静 温世洲
曹晓婧 雷济时 马振宇 副主编
何耀森 主 审

*

中国建筑工业出版社出版、发行（北京西郊百万庄）
各地新华书店、建筑书店经销
北京天成排版公司制版
北京市密东印刷有限公司印刷

*

开本：850×1168毫米 1/32 印张：8⅛ 字数：223千字
2015年1月第一版 2015年1月第一次印刷
定价：**25.00**元
ISBN 978-7-112-17275-7
（26058）

本书为"建设行业专业人员快速上岗100问丛书"之一，主要为建筑工程的土建质量员实际工作需要编写。本书主要内容包括通用知识、基础知识、岗位知识、专业技能四章共25节，包括了土建质量员工作中可能遇到的绝大部分知识点和所需技能的内容。本书是根据二〇一二年八月住房和城乡建设部人事司颁发的《建筑与市政工程施工现场专业人员考核评价大纲（试行）》编写的。本书共选取了土建质量员实际工作中常见的253道常见问题，采用一问一答的方式，对各题进行了明了扼要的回答。本书内容全面翔实，编排合理科学，实用性可参考性强。

　　本书可供施工企业土建质量员、建设单位工程项目管理人员、监理单位工程监理人员使用，也可作为基层施工管理人员学习的参考。

　　责任编辑：范业庶　万　李　王砾瑶
　　责任校对：姜小莲　关　健

出版说明

随着科学技术的日新月异和经济建设的高速发展，中国已成为世界最大的建设市场。近几年建设投资规模增长迅速，工程建设随处可见。

建设行业专业人员（各专业施工员、质量员、预算员，以及安全员、测量员、材料员等）作为施工现场的技术骨干，其业务水平和管理水平的好坏，直接影响着工程建设项目能否有序、高效、高质量地完成。这些技术管理人员中，业务水平参差不齐，有不少是由其他岗位调职过来以及刚跨入这一行业的应届毕业生，他们迫切需要学习、培训，或是能有一些像工地老师傅般手把手实物教学的学习资料和读物。

为了满足广大建设行业专业人员入职上岗学习和培训需要，我们特组织有关专家编写了本套丛书。丛书涵盖建设行业施工现场各个专业，以国家及行业有关职业标准的要求和规定进行编写，按照一问一答的形式对专业人员的工作职责、应该掌握的专业知识、应会的专业技能、对实际工作中常见问题的处理等进行讲解，注重系统性、知识性，尤其注重实用性、指导性。在编写内容上严格遵照最新颁布的国家技术规范和行业技术规范。希望本套丛书能够帮助建设行业专业人员快速掌握专业知识，从容应对工作中的疑难问题。同时也真诚地希望各位读者对书中不足之处提出批评指正，以便我们进一步改进和完善。

中国建筑工业出版社
2013年2月

前　言

　　本书为"建设行业专业人员快速上岗100问丛书"之一，主要为建筑工程的土建质量员实际工作需要编写。本书主要内容包括通用知识、基础知识、岗位知识、专业技能四大章共25节，囊括了土建质量员工作中可能遇到绝大部分知识点和所需技能的内容。本书为了便于土建质量员及其他基层项目管理者学习和使用，坚持做到理论联系实际，通俗易懂，全面受用的原则，在内容选择上注重基础知识和常用知识的阐述，对土建质量员在工程施工过程中可能遇到的常见问题，采用了一问一答的方式对各题进行了简明扼要的回答。

　　本书将土建质量员的职业要求用知识和专业技能等有机地融为一体，尽可能做到通俗易懂，简明扼要，一目了然。本书涉及的相关专业知识均按2010系列新规范的规定编写。

　　本书可供建筑工程施工企业土建质量员及其他相关基层管理人员、建设单位项目管理人员、工程监理单位技术人员使用，也可作为基层施工管理人员学习建筑工程施工技术和项目管理基本知识时的参考。

　　本书由王文睿主编，张乐荣、胡淑贞、胡静、曹晓婧、雷济时、马振宇等担任副主编。刘淑华高级工程师对本书的编写给予大力支持，何耀森高级工程师审阅了本书全部内容，并提出了许多宝贵的意见和建议，作者对它们表示衷心的谢意。由于我们理论水平有限和实际工作经验尚需提高，本书中存在的不足和缺漏在所难免，敬请广大土建质量员、施工管理人员及专家学者批评指正，以便帮助我们提高工作水平，更好地服务广大土建质量员和项目管理工作者。

目　录

第一章　通用知识

第一节　法律法规

第二节　工程材料的基本知识

第四节　工程施工工艺和方法

第五节　工程项目管理的基本知识

第二章　基础知识

第一节　土建施工相关的力学知识

第二节　建筑构造、建筑结构的基本知识

第三章　岗位知识

第一节　土建施工相关的管理规定和标准

第二节　工程质量管理的基本知识

第四章 专业技能

第一节 参与编制施工项目质量计划

第二节 土建工程中主要材料的质量

第三节 判断土建工程施工试验结果

第四节 识读土建工程施工图

第五节 确定施工质量控制点

第六节 编写质量控制文件和实施质量交底

第七节 土建工程质量检查、验收、评定

第一章 通用知识

第一节 法律法规

1. 从事建筑活动的施工企业应具备哪些条件?

答：根据《建筑法》的规定,从事建筑活动的施工企业应具备以下条件：

（1）具有符合规定的注册资本；

（2）有与其从事建筑活动相适应的具有法定职业资格的专业技术人员；

（3）有从事相关建筑活动所应有的技术装备；

（4）法律、行政法规规定的其他条件。

2. 从事建筑活动的施工企业应满足的基本要求是什么?《建筑法》对从事建筑活动的技术人员有什么要求?

答：根据《建筑法》的规定,从事建筑活动的施工企业应满足下列要求：从事建筑活动的施工企业，按照其拥有的注册资本、专业技术人员、技术装备和已完成的建筑工程业绩等资质条件，划分为不同的资质等级，经资质审查合格，取得相应等级的资质证书后，方可在其资质等级许可的范围内从事建筑活动。

《建筑法》对从事建筑活动的专业技术人员的要求是：应依法取得相应的职业资格证书，并在职业资格许可证的范围内从事建筑活动。

3. 建设工程安全生产管理必须坚持的方针和制度各是什么? 建筑施工企业怎样采取措施确保施工工程的安全?

答：根据《建筑法》的规定,从事建筑活动的施工企业的建

1

设工程安全生产管理必须坚持安全第一、预防为主的方针，必须建立、健全安全生产的责任制和群防群治制度。

建筑施工企业在编制施工组织设计时，应当根据建筑工程的特点制定相应的安全技术措施；对专业性较强的工程建设项目，应当编制专项安全施工组织设计，并采取安全技术措施。

建筑施工企业应当在施工现场采取维护安全、防范危险、预防火灾等措施；有条件的，应当对施工现场进行封闭管理。

施工现场对毗邻的建筑物、构筑物和特殊作业环境可能造成损害的，应当采取安全防护措施。

4. 建设工程施工现场安全生产的责任主体属于哪一方？安全生产责任怎样划分？

答：建设工程施工现场安全生产的责任主体是建筑施工企业。实行施工总承包的，总承包单位为安全生产责任主体，施工现场的安全责任由其负责。分包单位向总承包单位负责，服从总承包单位对施工现场的安全生产管理。

5. 建设工程施工质量应符合哪些常用的工程质量标准的要求？

答：建设工程施工质量应在遵守《建筑法》中对建筑工程质量管理的规定，以及在遵守《建设工程质量管理条例》的前提下，符合相关工程建设的设计规范、质量验收规范中的具体规定和《建设工程施工合同（示范文本）》约定的相关规定，同时对于地域特色、行业特色明显的建设工程项目还应遵守地方政府建设行政管理部门和行业管理部门制定的地方和行业规程和标准。

6. 建设工程施工质量管理责任主体属于哪一方？施工企业应如何对施工质量负责？

答：《建设工程质量管理条例》明确规定，建设工程施工质量管理责任主体为施工单位。施工单位应当建立质量责任制，确定工程项目的项目经理、技术负责人和施工管理负责人。建设工程实行总承包的，总承包单位应当对全部建设工程质量负责。总承包单位依法将建设工程分包给其他单位的，分包单位应当按照分包合同的规定对其分包工程的质量向总承包单位负责，总承包单位与分包单位对分包工程的质量承担连带责任。施工单位必须按照工程设计图纸和技术标准施工，不得擅自修改工程设计，不得偷工减料。施工单位在施工过程中发现设计文件和图纸有差错的，应当及时提出意见和建议。施工单位必须按照工程设计要求、施工技术标准和合同约定，对建筑材料、建筑构配件、设备和商品混凝土进行检验，检验应当有书面记录和专业人员签字；未经检验或检验不合格的，不得使用。施工单位必须建立、健全施工质量的检验制度，严格工序管理，做好隐蔽工程的质量检查和记录。隐蔽工程在隐蔽前，施工单位应当通知建设单位和建设工程质量监督机构。施工人员对涉及结构安全的试块、试件以及有关材料，应当在建设单位或者工程监理单位监督下现场取样，并送具有相应资质等级的质量检测单位进行检测。施工单位对施工中出现质量问题的建设工程或者竣工验收不合格的工程，应当负责返修。施工单位应当建立健全教育培训制度，加强对职工的教育培训；未经教育培训或者考核不合格的人员不得上岗。

7. 建筑施工企业怎样采取措施保证工程质量符合国家规范和工程的要求？

答：建筑施工企业应严格执行《建筑法》和《建设工程质量管理条例》中对工程质量的相关规定和要求，采取相应措施确保工程质量。做到在资质等级许可的范围内承揽工程；不转包或者违法分包工程。建立质量责任制，确定工程项目的项目经理、技术负责人和施工管理负责人。实行总承包的建设工程由总承包单位对全部建设工程质量负责，分包单位按照分包合同的约定对其分包工程的质量负责。做到按照图纸和技术标准施工；做到不擅自修改工程设计，不偷工减料；对施工过程中出现的质量问题或竣工验收不合格的工程项目，负责返修。准确全面理解工程项目相关设计规范和质量验收规范的规定以及地方和行业法规和标准的规定；施工过程中应不断完善工序管理，实行事先、事中管理，尽量减少事后管理，避免和杜绝返工，加强隐蔽工程验收，杜绝质量事故隐患；加强交底工作，督促作业人员做到工作目标明确、责任和义务清楚；对关键和特殊工艺、技术和工序要做好培训和上岗管理；对影响质量的技术和工艺要采取有效措施进行把关。建立、健全企业内部质量管理体系，建立健全施工质量的检验制度，严格工序管理，做好隐蔽工程的质量检查和记录；在实施中做到使施工质量不低于上述规范、规程和标准的规定；按照保修书约定的工程保修范围、保修期限和保修责任等履行保修责任，确保工程质量在合同规定的期限内满足工程建设单位的使用要求。

8.《安全生产法》对施工单位为具备安全生产条件的资金投入有什么要求？

答：施工单位为应当具备的安全生产条件所必需的资金投入，由生产经营单位的决策机构、主要负责人或者个人经营的投资人予以保证，并对由于安全生产所必需的资金投入不足导致的后果承担责任。

建筑施工单位新建、改建、扩建工程项目（以下统称建设项目）的安全设施，必须与主体工程同时设计、同时施工、同时投入生产和使用。安全设施投资应当纳入建设项目概算。

9.《安全生产法》对施工单位安全生产管理人员的配备有哪些要求？

答：建筑施工单位应当设置安全生产管理机构或者配备专职安全生产管理人员。从业人员超过三百人的，应当设置安全生产管理机构或者配备专职安全生产管理人员；从业人员在三百人以下的，应当配备专职或者兼职的安全生产管理人员，或者委托具有国家规定的相关专业技术资格的工程技术人员提供安全生产管理服务。建筑施工单位依照前款规定委托工程技术人员提供安全生产管理服务的，保证安全生产的责任仍由本单位负责。施工单位的主要负责人和安全生产管理人员必须具备与本单位所从事的生产经营活动相应的安全生产知识和管理能力。建筑施工单位的主要负责人和安全生产管理人员，应当由有关主管部门对其安全生产知识和管理能力考核合格后方可任职。

10. 为什么施工单位应对从业人员进行安全生产教育和培训？安全生产教育和培训包括哪些方面的内容？

答：施工单位对从业人员进行安全生产教育和培训，是为了保证从业人员具备必要的安全生产知识，能够熟悉有关的安全生产规章制度和安全操作规程，更好地掌握本岗位的安全操作技能。同时为了确保施工质量和安全生产，规定未经安全生产教育和培训合格的从业人员，不得上岗作业。

安全生产教育和培训包括日常安全生产常识的培训，包括安全用电、安全用气、安全使用施工机具车辆、多层和高层建筑高空作业安全培训、冬期防火培训、雨期防洪防雹培训、人身安全培训、环境安全培训等；在施工活动中采用新工艺、新技术、新材料或者使用新设备时，为了让从业人员了解、掌握其安全技术特性，并采取有效的安全防护措施，应对从业人员进行专门的安全生产教育和培训。施工中有特种作业时，对特种作业人员必须按照国家有关规定经专门的安全作业培训，在其取得特种作业操作资格证书后，方可允许上岗作业。

11. 《安全生产法》对建设项目安全设施和设备作了什么规定？

答：建设项目安全设施的设计人、设计单位应当对安全设施设计负责。矿山建设项目和用于生产、储存危险物品的建设项目的安全设施设计应当按照国家有关规定报经有关部门审查，审查部门及其负责审查的人员对审查结果负责。

矿山建设项目和用于生产、储存危险物品的建设项目的施工单位必须按照批准的安全设施设计和施工，并对安全设施的工程质量负责。矿山建设项目和用于生产、储存危险物品的建设项目竣工投入生产或者使用前，必须依照有关法律、行政法规的规定对安全设施进行验收；验收合格后，方可投入生产和使用。验收部门及其验收人员对验收结果负责。施工和经营单位应当在有较大危险因素的生产经营场所和有关设施、设备上设置明显的安全警示标志。安全设备的设计、制造、安装、使用、检测、维修、改造和报废，应当符合国家标准或者行业标准。生产经营单位必须对安全设备进行经常性维护、保养，并定期检测，保证正常运转。维护、保养、检测应当作好记录，并由有关人员签字。

施工单位使用的涉及生命安全、危险性较大的特种设备，以及危险物品的容器、运输工具，必须按照国家有关规定，由专业生产单位生产，并经取得专业资质的检测、检验机构检测、检验合格，取得安全使用证或者安全标志，方可投入使用。检测、检验机构对检测、检验结果负责。国家对严重危及生产安全的工艺、设备实行淘汰制度。

12. 建设工程施工从业人员劳动合同中关于安全的权利和义务各有哪些？

答：《安全生产法》明确规定：施工单位与从业人员订立的劳动合同，应当载明有关保障从业人员劳动安全、防止职业危害的事项，以及依法为从业人员办理工伤社会保险的事项。施工单位不得以任何形式与从业人员订立协议，免除或者减轻其对从业人员因生产安全事故伤亡依法应承担的责任。施工单位的从业人员有权了解其作业场所和工作岗位存在的危险因素、防范措施及事故应急措施，有权对本单位的安全生产工作提出建议。从业人员有权对本单位安全生产工作中存在的问题提出批评、检举、控告；有权拒绝违章指挥和强令冒险作业。施工单位不得因从业人员对本单位安全生产工作提出批评、检举、控告或者拒绝违章指挥、强令冒险作业而降低其工资、福利等待遇或者解除与其订立的劳动合同。从业人员发现直接危及人身安全的紧急情况时，有权停止作业或者在采取可能的应急措施后撤离作业场所。

施工单位不得因从业人员在紧急情况下停止作业或者采取紧急撤离措施而降低其工资、福利等待遇或者解除与其订立的劳动合同。因生产安全事故受到损害的从业人员，除依法享有工伤社会保险外，依照有关民事法律尚有获得赔偿的权利，有权向本单位提出赔偿要求。从业人员在作业过程中，应当严格遵守本单位的安全生产规章制度和操作规程，服从管理，正确佩戴和使用劳动防护用品。从业人员应当接受安全生产教育和培训，掌握本职工作所需的安全生产知识，提高安全生产技能，增强事故预防和应急处理能力。从业人员发现事故隐患或者其他不安全因素，应当立即向现场安全生产管理人员或者本单位负责人报告；接到报告的人员应当及时予以处理。

13. 建设工程施工企业应怎样接受负有安全生产监督管理职责的部门对自己企业的安全生产状况进行监督检查？

答：建设工程施工企业应当依据《安全生产法》的规定，自觉接受负有安全生产监督管理职责的部门，依照有关法律、法规的规定和国家标准或者行业标准规定的安全生产条件，对本企业涉及安全生产的事项进行审查批准（包括批准、核准、许可、注册、认证、颁发证照等）或者验收。

建设工程施工企业应协助和配合负有安全生产监督管理职责的部门依法对生产经营单位执行有关安全生产的法律、法规和国家标准或者行业标准的情况进行监督检查，行使以下职权：（1）进入生产经营单位进行检查，调阅有关资料，向有关单位和人员了解情况；（2）对检查中发现的安全生产违法行为，当场予以纠正或者要求限期改正；对依法应当给予行政处罚的行为，依照《安全生产法》和其他有关法律、行政法规的规定作出行政处罚决定；（3）对检查中发现的事故隐患，应当责令立即排除；重大事故隐患排除前或者排除过程中无法保证安全的，应当责令从危险区域内撤出作业人员，责令暂时停产停业或者停止使用；重大事故隐患排除后，经审查同意，方可恢复生产经营和使用；（4）对有根据认为不符合保障安全生产的国家标准或者行业标准的设施、设备、器材予以查封或者扣押，并应当在十五日内依法作出处理决定。

施工企业应当指定专人配合安全生产监督检查人员对其安全生产进行检查，对检查的时间、地点、内容、发现的问题及其处理情况作出书面记录，并由检查人员和被检查单位的负责人签字确认。施工单位对负有安全生产监督管理职责的部门的监督检查人员依法履行监督检查职责，应当予以配合，不得拒绝、阻挠。

14. 施工企业发生生产安全事故后的处理程序是什么？

答：施工单位发生生产安全事故后，事故现场有关人员应当立即报告本单位负责人。单位负责人接到事故报告后，应当迅速采取有效措施，组织抢救，防止事故扩大，减少人员伤亡和财产损失，并按照国家有关规定立即如实报告当地负有安全生产监督管理职责的部门，不得隐瞒不报、谎报或者拖延不报，不得故意破坏事故现场、毁灭有关证据。

负有安全生产监督管理职责的部门接到事故报告后，应当立即按照国家有关规定上报事故情况。负有安全生产监督管理职责的部门和有关地方人民政府对事故情况不得隐瞒不报、谎报或者拖延不报。

有关地方人民政府和负有安全生产监督管理职责的部门的

负责人接到重大生产安全事故报告后，应当立即赶到事故现场，组织事故抢救。任何单位和个人都应当支持、配合事故抢救，并提供一切便利条件。

15. 生产安全事故的调查与处理以及事故责任认定应遵循哪些原则？

答：事故调查处理应当遵循实事求是、尊重科学的原则，及时、准确地查清事故原因，查明事故性质和责任，总结事故教训，提出整改措施。

16. 施工企业的安全生产责任有哪些内容？

答：《安全生产法》规定：施工单位的决策机构、主要负责人、个人经营的投资人应依照《安全生产法》的规定，保证安全生产所必需的资金投入，确保生产经营单位具备安全生产条件。施工单位的主要负责人应履行《安全生产法》规定的安全生产管理职责。

施工单位应履行下列义务：（1）按照规定设立安全生产管理机构或者配备安全生产管理人员；（2）危险物品的生产、经营、储存单位以及矿山、建筑施工单位的主要负责人和安全生产管理人员应按照规定经考核合格；（3）按照《安全生产法》的规定，对从业人员进行安全生产教育和培训，或者按照《安全生产法》的规定如实告知从业人员有关的安全生产事项；（4）特种作业人员应按照规定经专门的安全作业培训并取得特种作业操作资格证书，上岗作业。用于生产、储存危险物品的建设项目的施工单位应按照批准的安全设施设计进行施工，项目竣工投入生产或者使用前，安全设施应经过验收合格；应在有较大危险因素的生产经营场所和有关设施、设备上设置明显的安全警示标志；安全设备的安装、使用、检测、改造和报废应符合国家标准或者行业标准；为从业人员提供符合国家标准或者行业标准的劳动防护用品；对安全设备进行经常性维护、保养和定期检测；不使用国家明令淘汰、禁止使用的危及生产安全的工艺、设备；特种设备以及危险物品的容器、运输工具经取得专业资质的机构检测、检验合格，取得安全使用证或者安全标志后再投入使用；进行爆破、吊装等危险作业，应安排专门管理人员进行现场安全管理。

17. 施工企业对工程质量的责任和义务各有哪些内容？

答：《建筑法》和《建设工程质量管理条例》规定的施工企业的工程质量的责任和义务包括：做到在资质等级许可的范围内承揽工程；做到不允许其他单位或个人以自己单位的名义承揽工程；施工单位不得转包或者违法分包工程。施工单位对建设工程的施工质量负责。施工单位应当建立质量责任制，确定工程项目的项目经理、技术负责人和施工管理负责人。建设工程实行总承包的总承包单位应当对全部建设工程质量负责，分包单位应当按照分包合同的约定对其分包工程的质量负责。施工单位应按照工程设计图纸和施工技术标准施工，不得擅自修改工程设计，不得偷工减料；对施工过程中出现的质量问题或竣工验收不合格的工程项目，应当负责返修。施工单位在组织施工中应当准确全面理解工程项目相关设计规范和质量验收规范的规定、地方和行业法规和标准的规定。

18. 什么是劳动合同？劳动合同的形式有哪些？怎样订立和变更劳动合同？无效劳动合同的构成条件有哪些？

答：为了确定和调整劳动者各主体之间的关系，明确劳动合同双方当事人的权利和义务，确保劳动者的合法权益，构建和发展和谐稳定的劳动关系，依据相关法律、法规、用人单位和劳动者双方的意愿等所签订的确定劳动关系的契约称为劳动合同。

劳动合同分为固定期限劳动合同、无固定期限劳动合同和以完成一定工作任务为期限的劳动合同等。固定期限劳动合同，是指用人单位与劳动者约定终止时间的劳动合同。用人单位与劳动者协商一致，可以订立固定期限劳动合同。无固定期限劳动合同，是指用人单位与劳动者约定无确定终止时间的劳动合同。以完成一定工作任务为期限的劳动合同是指用人单位与劳动者约定以某项工作的完成为合同期限的劳动合同。

用人单位与劳动者协商一致，并经用人单位与劳动者在劳动合同文本上签字或者盖章后生效。用人单位与劳动者协商一致，可以变更劳动合同约定的内容，变更劳动合同应当采用书面的形式。订立的劳动合同和变更后的劳动合同文本由用人单位和劳动者各执一份。

无效劳动合同是指当事人签订形成的而国家不予承认其法律效力的合同。劳动合同无效或者部分无效的情形有：（1）以欺诈、胁迫手段或者乘人之危，使对方在违背真实意思的情况下订立或者变更劳动合同的；（2）用人单位免除自己的法定责任、排除劳动者权利的；（3）违反法律、行政法规强制性规定的。对于合同无效或部分无效有争议的，由劳动仲裁机构或者人民法院确定。

19. 怎样解除劳动合同？

答：有下列情形之一者，依照《劳动合同法》规定的条件、程序，劳动者可以与用人单位解除劳动合同关系：（1）用人单位与劳动者协商一致的；（2）劳动者提前30日以书面形式通知用人单位的；（3）劳动者在试用期内提前三日通知用人单位的；（4）用人单位未按照劳动合同约定提供劳动保护或者劳动条件的；（5）用人单位未及时足额支付劳动报酬的；（6）用人单位未依法为劳动者缴纳社会保险的；（7）用人单位的规章制度违反法律、法规的规定，损害劳动者利益的；（8）用人单位以欺诈、胁迫手段或者乘人之危，使劳动者在违背真实意思的情况下订立或变更劳动合同的；（9）用人单位在劳动合同中免除自己的法定责任、排除劳动者权利的；（10）用人单位违反法律、行政法规强制性规定的;(11)用人单位以暴力威胁或者非法限制人身自由的手段强迫劳动者劳动的;(12)用人单位违章指挥、强令冒险作业危及劳动者人身安全的;(13)法律行政法规规定劳动者可以解除劳动合同的其他情形。

有下列情形之一者,依照《劳动合同法》规定的条件、程序,用人单位可以与劳动者解除劳动合同关系:(1)用人单位与劳动者协商一致的;(2)劳动者在试用期间被证明不符合录用条件的;(3)劳动者严重违反用人单位的规章制度的;(4)劳动者严重失职,营私舞弊,给用人单位造成重大伤害的;(5)劳动者与其他单位建立劳动关系,对完成本单位的工作任务造成严重影响,或者经用人单位提出,拒不改正的;(6)劳动者以欺诈、胁迫手段或者乘人之危,使用人单位在违背真实意思的情况下订立或变更劳动合同的;(7)劳动者被依法追究刑事责任的;(8)劳动者患病或者因工负伤不能从事原工作,也不能从事由用人单位另行安排的工作的;(9)劳动者不能胜任工作,经培训或者调整工作岗位,仍不能胜任工作的;(10)劳动合同订立所依据的客观情况发生重大变化,致使劳动合同无法履行,经用人单位与劳动者协商,未能就变更劳动合同内容达成协议的;(11)用人单位依照《企业破产法》规定进行重整的;(12)用人单位生产经营发生严重困难的;(13)企业转产、重大技术革新或者经营方式调整,经变更劳动合同后,仍需裁减人员的;(14)其他因劳动合同订立时所依据的客观经济情况发生重大变化,致使劳动合同无法履行的。

20. 什么是集体合同?集体合同的效力有哪些?集体合同的内容和订立程序各有哪些内容?

答:企业职工一方与企业可以就劳动报酬、工作时间、休息休假、劳动安全卫生、保险福利等事项,签订的合同称为集体合同。集体合同草案应当提交职工代表大会或者全体职工讨论通过。集体合同由工会代表职工与企业签订;没有建立工会的企业，由职工推举的代表与企业签订。集体合同签订后应当报送人力资源和社会保障行政部门；人力资源和社会保障行政部门自收到集体合同文本之日起十五日内未提出异议的，集体合同即行生效。

依法订立的集体合同对用人单位和劳动者具有约束力。行业性、区域性集体合同对当地本行业、本区域的用人单位和劳动者具有约束力。依法订立的集体合同对企业和企业全体职工具有约束力。职工个人与企业订立的劳动合同中劳动条件和劳动报酬等标准不得低于集体合同的规定。集体合同中劳动报酬和劳动条件等标准不得低于当地人民政府规定的最低标准。

21.《劳动法》对劳动卫生作了哪些规定？

答：用人单位必须建立健全劳动安全卫生制度，严格执行国家劳动安全卫生规程和标准，对劳动者进行劳动安全卫生教育，防止劳动过程中的事故发生，减少职业危害。劳动安全卫生设施必须符合国家规定的标准。新建、改建、扩建工程的劳动安全卫生设施必须与主体工程同时设计、同时施工、同时投入生产和使用。用人单位必须为劳动者提供符合国家规定的劳动安全卫生条件和必要的劳动防护用品，对从事有职业危害作业的劳动者应当定期进行健康检查。

第二节　工程材料的基本知识

1. 无机胶凝材料是怎样分类的？它们的特性各有哪些？

答：（1）胶凝材料及其分类

胶凝材料就是把块状、颗粒状或纤维状材料凝结为整体的材料。无机胶凝材料也称为矿物胶凝材料，其主要充分是无机化合物，如水泥、石膏、石灰等均属于无机胶凝材料。

（2）胶凝材料的特性

根据硬化条件的不同，无机胶凝材料分为气硬性胶凝材料（如石灰、石膏、水玻璃）和水硬性胶凝材料（如水泥）两类。气硬性胶凝材料只能在空气中凝结、硬化、保持和发展强度，通常适用于干燥环境，在潮湿环境和水中不能使用。水硬性胶凝材料既能在空气中硬化，也能在水中凝结、硬化、保持和发展强度，既适用于干燥环境，也适用于潮湿环境和水中。

2. 水泥怎样分类？通用水泥分哪几个品种？它们各自主要技术性能有哪些？

答：（1）水泥及其品种分类

水泥是一种加水拌合成塑性浆体，通过水化逐渐固结、硬化，能够胶结砂、石等固体材料，并能在空气和水中硬化的粉状水硬性胶凝材料。水泥的品种可按以下两种方法分类：

1）按矿物组成分类。可分为硅酸盐水泥、铝酸盐水泥、硫铝酸盐水泥、氟铝酸盐水泥、铁铝酸盐水泥以及少熟料或无熟料水泥等。

2）按其用途和性能可分为通用水泥、专用水泥和特殊水泥三大类。

（2）建筑工程常用水泥的品种

用于一般建筑工程的水泥为通用水泥，它包括硅酸盐水泥、普通硅酸盐水泥、矿渣硅酸盐水泥、火山灰硅酸盐水泥、粉煤灰硅酸盐水泥、复合硅酸盐水泥等。

（3）建筑工程常用水泥的主要技术性能

建筑工程常用水泥的主要技术性能包括细度、标准稠度及其用水量、凝结时间、体积安定性、水泥强度、水化热等。

1）细度。细度是指水泥颗粒粗细的程度。它是影响水泥需水量、凝结时间、强度和安定性能的重要指标。颗粒越细，与水反应的表面积就越大，水化反应的速度就越快，水泥石的早期强度就越高，但硬化体的收缩也愈大，且水泥储运过程中易受潮而降低活性。因此，水泥的细度应适当。

2）标准稠度及其用水量。在测定水泥凝结时间、体积安定性等性能时，为使所测结果有准确的可比性，规定在试验时所用的水泥净浆必须按《贯入法检测砌筑砂浆抗压强度技术规程》JGJ/T 136的规定以标准方法测试，并达到统一规定的浆体可塑性（标准稠度）。水泥净浆体标准稠度用水量，是指拌制水泥净浆时为达到标准稠度所需的加水量，它以水与水泥质量之比的百分数表示。

3）凝结时间。水泥从加水开始到失去流动性所需的时间称为凝结时间，分为初凝时间和终凝时间。初凝时间为水泥从加水拌合起到水泥浆开始失去可塑性所需的时间；终凝时间是指水泥从加水拌合起到水泥浆完全失去可塑性，并开始产生强度所需要的时间。水泥的凝结时间对施工具有较大的意义。初凝时间过短，施工时没有足够的时间完成混凝土或砂浆的搅拌、运输、浇捣和砌筑等操作；水泥的终凝时间过迟，则会拖延施工工期。国家标准规定硅酸盐水泥的初凝时间不得早于45分钟，终凝时间不得迟于6.5小时，其他品种通用水泥初凝时间都是45分钟，但终凝时间为10小时。

4）体积安定性。它是指水泥浆体硬化后体积变化的稳定性。安定性不良的水泥，在浆体硬化过程中或硬化后产生不均匀体积膨胀，并引起开裂。水泥安定性不良的主要因素是熟料中含有过量的游离氧化钙、游离氧化镁或研磨时掺入的石膏过多。国家标准规定水泥熟料中游离氧化镁的含量不得超过5.0%，三氧化硫的含量不得超过3.5%，体积安定性不合格的水泥为废品，不能用于工程。

5）水泥强度。水泥强度与水泥的矿物组成、水泥细度、水灰比大小、水化龄期和环境温度等密切相关。水泥强度按国家标准《水泥胶砂强度检验方法》GB/T 17671的规定制作试块、养护并测定其抗压强度和抗折强度值，并据此评定水泥的强度等级。

6）水化热。水泥水化放出的热量以及放热速度，主要取决于水泥矿物组成和细度。熟料矿物质铝酸三钙和硅酸三钙含量越高，颗粒越细，则水化热越大。水化热越大对冬期施工越有利，但对大体积混凝土工程是有害的。为了避免温度应力引起水泥石开裂，在大体积混凝土工程施工中，不宜采用硅酸盐水泥，而应采用水化热低的矿渣水泥等，水化热的测定可按国家标准规定的方法测定。

3. 普通混凝土是怎样分类的？

答：混凝土是以胶凝材料、粗细骨料及其他外掺材料按适当比例搅拌、成型、养护、硬化而成的人工石材。通常将以水泥、矿物掺合材料、粗细骨料、水和外加剂按一定比例配置而成的、干表观密度为 2000~2800kg/m³ 的混凝土称为普通混凝土。

普通混凝土的分类方法如下：

（1）按用途分。可分为结构混凝土、抗渗混凝土、抗冻混凝土、大体积混凝土、水工混凝土、耐热混凝土、耐酸混凝土、装饰混凝土等。

（2）按强度等级分。可分为普通混凝土、强度等级高于 C60 的高强度混凝土以及强度等级高于 C100 的超高强度混凝土。

（3）按施工工艺分。可分为喷射混凝土、泵送混凝土、碾压混凝土、压力灌浆混凝土、离心混凝土、真空脱水混凝土。

4. 混凝土拌合物的主要技术性能有哪些？

答：混凝土中各种组成材料按比例配合经搅拌形成的混合物称为混凝土的拌合物，又称新拌混凝土。混凝土拌合物易于各工序的施工操作（搅拌、运输、浇筑、振捣、成型等），并获得质量稳定、整体均匀、成型密实的混凝土性能，称为混凝土拌合物的和易性。和易性是满足施工工艺要求的综合性质，包括流动性、黏聚性和保水性。

流动性是指混凝土拌合物在自重或机械振动时能够产生流动的性质。流动性的大小反映了混凝土拌合物的稀稠程度，流动性良好的拌合物，易于浇筑、振捣和成型。

黏聚性是指混凝土组成材料间具有一定的凝聚力，在施工过程中混凝土能够保持整体均匀的性能。黏聚性反映了混凝土拌合物的均匀性，黏聚性良好的拌合物易于施工操作，不会产生分层和离析的现象。黏聚性差时，会造成混凝土质地不均匀，振捣后易出现蜂窝、空洞等现象。

保水性是指混凝土拌合物在施工过程中具有一定的保持内部水分而抵抗泌水的能力。保水性反映了混凝土拌合物的稳定性。保水性差的混凝土拌合物在混凝土内形成通水通道，影响混凝土的密实性，并降低混凝土的强度和耐久性。

流动性是反映混凝土和易性的主要指标，流动性常用坍落度法测定，坍落度数值越大，表明混凝土拌合物流动性大，根据坍落度值的大小，可以将混凝土分为四级：大流动性混凝土（坍落度大于160mm）、流动性混凝土（坍落度 100~150mm）、塑性混凝土（坍落度 10~90mm）和干硬性混凝土（坍落度小于10mm）。

5. 硬化后混凝土的强度有哪几种？

答：根据《混凝土结构设计规范》GB 50010-2010 的规定，混凝土强度等级按立方体抗压强度标准值确定，混凝土强度包括立方体抗压强度、轴心抗压强度和轴心抗拉强度。

（1）混凝土立方体抗压强度

《混凝土结构设计规范》GB 50010-2010 规定：混凝土的立方体抗压强度标准值是指，在标准状况下制作养护边长为150mm立方体试块，用标准方法测得的28d龄期时，具有95%保证概率的强度值，单位是 N/mm²。《混凝土结构设计规范》GB 50010-2010 规定混凝土强度等级有 C15、C20、C25、C30、C35、C40、C45、C50、C55、C60、C65、C70、C75、C80 共 14级，其中 C 代表混凝土，C 后面的数字代表立方体抗压标准强度值，单位是 N / mm²，用符号 $f_{cu,k}$ 表示。《混凝土结构设计规范》同时允许，对近年来使用量明显增加的粉煤灰等矿物混凝土，确定其立方体抗压强度标准值 $f_{cu,k}$ 时，龄期不受 28d 的限值，可以由设计者根据具体情况适当延长。

（2）混凝土轴心抗压强度

试验证明，立方体抗压强度不能代表以受压为主的结构构件中的混凝土强度。通过用同批次混凝土在同一条件下制作养护的棱柱体试件和短柱在轴心力作用下受压性能的对比试验，可以看出，高宽比超过 3 以后的混凝土棱柱体中的混凝土抗压强度和以受压为主的钢筋混凝土构件中的混凝土抗压强度是一致的。因此，《混凝土结构设计规范》规定用高宽比为 3~4 的混凝土棱柱体试件测得的混凝土抗压强度，并作为混凝土的轴心抗压强度（棱柱体抗压强度），用符号 f_{ck} 表示。

（3）混凝土的抗拉强度

常用的混凝土轴心抗拉强度测定方法是拔出试验或劈裂试验。相比之下拔出试验更为简单易行。拔出试验采用 100mm×100mm×500mm 的棱柱体，在试件两端轴心位置预埋 Φ16 或 Φ18 钢筋，埋入深度为 150mm，在标准状况下养护 28d 龄期后可测试其抗拉强度，用符号 f_{tk} 表示。

6. 混凝土的耐久性包括哪些内容？

答：混凝土抵抗自身因素和环境因素的长期破坏作用影响，保持其原有性能的能力，称为耐久性。混凝土的耐久性主要包括抗渗性、抗冻性、抗腐性、抗碳化、抗碱骨料反应等方面。

（1）抗渗性

混凝土抵抗压力液体（水或油）等渗透体的能力称为抗渗性。混凝土抗渗性用抗渗等级表示。抗渗等级是以 28d 龄期的标准试件，用标准方法进行试验，以每组六个试件，四个试件未出现渗水时，所能承受的最大静压力（单位为 MPa）来确定。混凝土的抗渗等级用代号 P 表示，分为 P4、P6、P8、P10、P12

18

和>P12六个等级。P4表示混凝土抵抗0.4MPa的液体压力而不渗水。

（2）抗冻性

混凝土在吸水饱和状态下，抵抗多次反复冻融循环而不破坏，同时也不严重降低其各种性能的能力，称为抗冻性。混凝土抗冻性用抗冻等级表示。抗冻等级是以28d龄期的标准试件，在浸水饱和状态下，进行冻融循环试验，以抗压强度损失不超过25%，同时质量损失不超过5%时，所承受的最大冻融循环次数来确定。混凝土的抗渗等级用F表示，分为F50、F100、F150、F200、F250、F300、F350、F400和>F400九个等级。F200表示混凝土在强度损失不超过25%，质量损失不超过5%时，所能承受的最大冻融循环次数为200。

（3）抗腐性

混凝土在外界各种侵蚀介质作用下，抵抗破坏的能力，称为混凝土的抗腐蚀性。当工程所处环境存在侵蚀性介质时，对混凝土必须提出耐腐性要求。

7. 什么是混凝土的徐变？它对混凝土的性能有什么影响？徐变产生的原因是什么？

答：（1）混凝土的徐变

构件在长期不变的荷载作用下，应变随时间增长具有持续增长的特性，混凝土的这种受力变形称为徐变。

（2）混凝土的徐变对构件的影响

徐变对混凝土结构构件的变形和承载能力会产生明显的不利影响，在预应力混凝土构件中会造成预应力损失。这些影响对结构构件的受力和变形是有危害的，因此在设计和施工过程中要尽可能采取措施降低混凝土的徐变。

（3）徐变产生的原因

徐变产生的原因主要包括以下两个方面：

1）混凝土内的水泥凝胶在压应力作用下具有缓慢黏性流动

的性质,这种黏性流动变形需要较长的时间才能逐渐完成。在这个变形过程中凝胶体会把它承受的压力转移给骨料,从而使黏性流动变形逐渐减弱直到结束。当卸去荷载后,骨料受到的压力会逐步回传给凝胶体,因此,一部分徐变变形能够恢复。

2)当试件受到较高压应力作用时,混凝土内的微裂缝会不断增加和延长,助长了徐变的产生。压应力越高,这种因素的影响在总徐变中占的比例就越高。

上述对徐变产生的因素归纳起来有以下几点:

1)混凝土内在的材性方面的影响

① 水泥用量越多,凝胶体在混凝土内占的比例就越高,水泥凝胶体的黏弹性造成的徐变就越大。降低这个因素产生应变的措施是,在确保混凝土强度等级的前提下,严格控制水泥用量不要超过规定标准不得随意加大混凝土中水泥的用量。

② 水灰比越高,混凝土凝结硬化后残留在其内部的工艺水就越多,由于它的挥发和不断逸出产生的空隙就越多,徐变就会越大。减少这个因素产生的徐变措施是,在保证混凝土流动性的前提下,严格控制用水量,减少水灰比和多余的工艺水。

③ 骨料级配越好,徐变越小。骨料级配越好,骨料在混凝土体内占的体积越多,水泥凝胶体就越少,凝胶体向结晶体转化时体积的缩小量就少,压应力从凝胶体向骨料的内力转移就少,徐变就少。减少这种因素引起的徐变,主要措施是选择级配良好的骨料。

④ 骨料的弹性模量越高,徐变越小。这是因为骨料越坚硬,在凝胶体向其转化内力时骨料的变形就小,徐变也就会减小。减少这种因素引起的徐变的主要措施是选择坚硬的骨料。

2)混凝土养护和工作环境条件的影响

① 混凝土制作养护和工作环境的温度正常、湿度高则徐变小;反之,温度高、湿度低则徐变大。在实际工程施工时混凝土养护时的环境温度一般难以调控,在常温下充分保证湿度,徐变就会降低。

②构件的体积和面积的比小（即表面面积相对较大）的构件，混凝土内部水分散发较快，混凝土内水泥颗粒早期的水解不充分，凝胶体的产生及其变为结晶体的过程不充分，徐变就大。

③混凝土加荷龄期越长，其内部结晶体的量越多，凝结硬化越充分，徐变就越小。

④构件截面受到长期不变应力作用时的压应力越大，徐变越大。在压应力小于 $0.5f_c$ 范围内，压应力和徐变呈线性关系，这种关系称为线性徐变；在 $(0.55\sim0.6)f_c$ 时，随时间延长徐变和时间关系曲线是收敛曲线，即会朝某个固定值靠近，但收敛性随应力的增高越来越差。当压应力超过 $0.8f_c$ 时，徐变时间曲线就成为发散性曲线了，徐变的增长最终将会导致混凝土压碎。这是因为在较高应力作用下混凝土中的微裂缝已经处于不稳定状态。长期较高压应力的作用将促使这些微裂缝进一步发展，最终导致混凝土被压碎。这种情况下混凝土压碎时的压应力低于一次短期加荷时的轴心抗压强度。

由此可知，徐变会降低混凝土的强度。因为加荷速度越慢，荷载作用下徐变发展得越充分，相应测出的混凝土抗压强度也就越低。这和前面所述的加荷速度越慢测出的混凝土强度越低是同一个物理现象的两种不同表现形式。

8. 什么是混凝土的收缩？混凝土收缩对其性能有何影响？影响混凝土收缩的因素有哪些？

答：混凝土在空气中凝结硬化的过程中，体积会随时间的推移不断缩小，这种现象称为混凝土的收缩。相反，在水中结硬的混凝土其体积会略有增加，这种现象称为混凝土的膨胀。

混凝土的收缩包括失去水分的干缩，它是在混凝土凝结硬化过程中内部水分散失引起的，一般认为这种收缩是可逆的，构件吸水后绝大部分能够恢复。混凝土体内由于水泥凝胶体转化为结晶体的过程造成的体积收缩叫做凝缩，这种收缩是不可逆的变化，凝胶体结硬变为结晶体时吸水后不会逆向还原为具有黏弹性的凝胶体。

影响混凝土干缩的因素包括以下几个方面：

（1）水灰比越大，收缩越大。因此，在保证混凝土和易性和流动性的情况下，尽可能降低水灰比。

（2）养护和使用环境的湿度大，温度较低时水分散失的少，收缩就小。同等条件下加强养护提高养护环境的湿度是降低收缩的有效措施。

（3）体表比大，构件表面积相对越大，水分散失就越快，收缩就大。

影响凝缩的因素包括以下几个方面：

1）水泥用量多、强度高时收缩大。这是由于凝胶体分量多，转化成结晶体的体积多，收缩就大。因此，在保证混凝土强度等级的前提下，要严格控制水泥用量，选择强度等级合适的水泥。

2）骨料级配越好，密度就越大，混凝土的弹性模量就越高，对凝胶体的收缩就会起到制约作用，故收缩就小。混凝土配合比设计和骨料选用时，合理的级配对降低混凝土的收缩作用明显。

由以上分析可知，造成混凝土的收缩的影响因素有些和混凝土徐变相似，但二者截然不同，徐变是受力变形，而收缩是体积变形，收缩和外力无关，这是二者的根本性区别。

9. 普通混凝土的组成材料有几种？它们各自的主要技术性能有哪些？

答：普通混凝土的组成材料有水泥、砂、石子、水、外加剂或掺合料。前四种是组成混凝土的基本材料，后两种材料可根据混凝土性能的需要有选择地添加。

（1）水泥

水泥是混凝土中最主要的材料，也是成本最高的材料，它也是决定混凝土强度和耐久性能的关键材料。一般普通混凝土可用硅酸盐水泥、普通硅酸盐水泥、矿渣硅酸盐水泥、火山灰质硅酸盐水泥、粉煤灰硅酸盐水泥及复合硅酸盐水泥等通用水泥。

水泥强度等级的选择应根据混凝土强度等级的要求来确定，低强度混凝土应选择低强度等级的水泥。一般情况下对于强度等级低于C30的中、低强度混凝土，水泥强度等级为混凝土强度等级的1.5 ~ 2.0倍；高强度混凝土，水泥强度等级与混凝土强度等级之比可小于1.5，但不能低于0.8。

（2）细骨料

细骨料是指公称直径小于5mm的岩石颗粒，也就是通常所称的砂。根据其生产来源不同可分为天然砂（河砂、湖砂、海砂和山砂）、人工砂和混合砂。混合砂是人工砂与天然砂按一定比例组合而成的砂。

配置混凝土的砂要求清洁不含杂质，国家标准对砂中的云母、轻物质、硫化物及硫化盐、有机物、氯化物等各种有害物含量以及海砂中的贝壳含量作了规定。含泥量是指天然砂中公称粒径小于$80\mu m$的颗粒含量。泥块含量是指砂中公称粒径大于$1.25mm$净水浸洗，手捏后变成小于$630\mu m$的颗粒含量。有关国家标准和行业标准都对含泥量、泥块含量、石粉含量作了限定。砂在自然风化和其他外界物理、化学因素作用下，抵抗破坏的能力称为坚固性。天然砂的坚固性用硫酸钠溶液法检验，砂样经5次循环后其质量损失应符合国家标准的规定。砂的表观密度大于$2500kg/m^3$，松散砂堆积密度大于$1350kg/m^3$，空隙率小于47%。砂的粗细程度和颗粒级配应符合规定要求。

（3）粗骨料

粗骨料是指公称直径大于5mm的岩石颗粒，通常称为石子。天然形成的石子称为卵石，人工破碎而成的石子称为碎石。

粗骨料中泥、泥块含量以及硫化物、硫酸盐含量、有机物等有害物质的含量应符合国家标准规定。卵石及碎石形状以接近卵形或立方体为较好。针状和片状的颗粒自身强度低，而其空隙大，影响混凝土的强度，因此，国家标准对以上两种颗粒含量作了规定。为了保证混凝土的强度，粗骨料必须具有足够的强度，粗骨料的强度指标包括岩石抗压强度、碎石抗压强度两种。国家标准同时对粗骨料的坚固性也作了规定，坚固性是指卵石及碎石在自然风化和物理、化学作用下抵抗破坏的能力，有抗冻性要求的混凝土所用粗骨料，要求测定其坚固性。

（4）水

混凝土用水包括混凝土拌合用水和养护用水。混凝土用水应优先选用符合国家标准的饮用水，混凝土用水中各种杂质的含量应符合国家有关标准的规定。

10. 轻混凝土的特性有哪些？用途是什么？

答：轻混凝土是指干表观密度小于2000kg/m³的混凝土，包括轻骨料混凝土、多孔混凝土和大孔混凝土。

用轻粗骨料（堆积密度小于1000kg/m³）和轻细骨料（堆积密度小于1200kg/m³）或者普通砂与水泥拌制而成的混凝土，其表观密度不大于1950kg/m³，称为轻骨料混凝土，可分为由轻粗骨料和轻细骨料组成的全轻混凝土及细骨料为普通砂和轻粗骨料轻混凝土。

轻骨料混凝土可以用浮石、陶粒、煤渣、膨胀珍珠岩等轻骨料制成。多孔混凝土以水泥、混合料、水及适量的发泡剂（铝粉等）或泡沫剂为原料而成，是一种内部均匀分布细小气孔而无骨料的混凝土。大孔混凝土是以粒径相似的粗骨料、水泥、水配制而成，有时加入外加剂。

轻混凝土的主要特性包括：表观密度小；保温性能好；耐火性能好；力学性能好；易于加工等。轻混凝土主要用于非承重墙的墙体及保温隔声材料。轻骨料混凝土还可以用于承重结构，以达到减轻自重的目的。

11. 高性能混凝土的特性有哪些？它的用途是什么？

答：高性能混凝土是指具有高耐久性和良好的工作性能，早期强度高而后期强度不倒缩，体积稳定性好的混凝土。它的特征包括：具有一定的强度和高抗渗能力；具有良好的工作性能；耐久性好；具有较高的体积稳定性。

高性能混凝土是普通水泥混凝土的发展方向之一，它被广泛用于桥梁、高层建筑、工业厂房、港口及海洋工程、水工结构等工程中。

12. 预拌混凝土的特性有哪些？它的用途是什么？

答：预拌混凝土也称为商品混凝土，是指由水泥、骨料、水以及根据需要掺入的外加剂、矿物掺合料等组分按一定的比例，在搅拌站经计量、拌制后出售的并采用运输车，在规定时间内运至使用地点的混凝土拌合物。

预拌混凝土设备利用率高，计量准确，产品质量高，材料消耗少，工效高，成本较低，又能改善劳动条件，减少环境污染。

13. 常用混凝土外加剂有多少种类？

答：（1）混凝土外加剂按其主要功能分

混凝土外加剂按照主要功能分，可分为高性能减水剂、高效减水剂、普通减水剂、引气减水剂、泵送剂、早强剂、缓凝剂、引气剂等。

（2）混凝土外加剂按其使用功能分

外加剂按其使用功能分可为四类：①改善混凝土流变性的外加剂，包括减水剂、泵送剂；②调节混凝土凝结时间、硬化性能的外加剂，包括缓凝剂、速凝剂、早强剂等；③改善混凝土耐久性的外加剂，包括引气剂、防水剂、阻锈剂和矿物外加剂等；④改善混凝土其他性能的外加剂，包括加气剂、膨胀剂、防冻剂及着色剂。

14. 常用混凝土外加剂的品种及应用有哪些内容?

答:(1)减水剂

减水剂是一种使用最广泛、品种最大的一种外加剂,按其用途不同可以进一步分为普通减水剂、高效减水剂、早强减水剂、缓凝减水剂、缓凝高效减水剂、引气减水剂等。

(2)早强剂

早强剂是加速水泥水化和硬化,促进混凝土早期强度增长的外加剂。可缩短混凝土养护龄期,加快施工进度,提高模板和场地周转率。常用的早强剂有氯盐类、硫酸盐类和有机胺类。

1)氯盐类早强剂。它主要有氯化钙、氯化钠,其中氯化钙是国内外使用最广的一种早强剂。为了抑制氯化钙对钢筋的腐蚀作用,常将氯化钙与阻锈剂硝酸钠复合使用。

2)硫酸盐类早强剂。包括硫酸钠、硫代酸钠、硫酸钾、硫酸铝等,其中硫酸钠使用最广。

3)有机胺类早强剂。包括三乙醇胺、三异丙醇胺等,前者常用。

4)复合早强剂。以上三类早强剂在使用时,通常复合使用。复合早强剂往往比单组分早强剂具有更优良的早强效果,掺量也可以比单组分早强剂有所降低。

(3)缓凝剂

缓凝剂是可以在较长时间内保持混凝土工作性能,延缓混凝土凝结和硬化时间的外加剂。它分为无机和有机两大类。它的品种有:糖类,木质素硫磺盐类,羟基羟酸及其盐类,无机盐类。

缓凝剂适用于较长时间运输的混凝土、高温季节施工的混凝土、泵送混凝土、滑模施工混凝土、大体积混凝土、分层浇筑的混凝土,不适用5℃以下施工的混凝土,也不适用于有早强要求的混凝土及蒸汽养护的混凝土。

(4)引气剂

引气剂是一种在搅拌过程中具有在砂浆或混凝土中引入大

量、均匀分布的气泡，而且在硬化后能保留在其中的一种外加剂。进入引气剂可以改善混凝土拌合物的和易性，显著提高混凝土的抗冻性能和抗渗性能，但会降低混凝土的弹性模量和强度。

引气剂有松香树脂类、烷基苯硫磺盐类和脂醇磺酸盐类，其中松香树脂中的松香热聚物和松香皂应用最多。

引气剂适用于配制抗冻混凝土、泵送混凝土、港口混凝土、防水混凝土以及骨料质量差、泌水严重的混凝土，不适宜配制蒸汽养护的混凝土。

（5）膨胀剂

膨胀剂是一种使混凝土体积产生膨胀的外加剂。常用的膨胀剂种类有硫铝酸钙类、氧化钙类、硫铝酸—氧化钙类等。

（6）防冻剂

防冻剂是能使混凝土在温度为零下硬化并能在规定条件下达到预期性能的外加剂。常用的防冻剂有：氯盐类（氯化钙、氯化钠、氯化氮等），氯盐阻锈类，氯盐与阻锈剂（亚硝酸钠）为主的复合外加剂，无氯盐类（硝酸盐、亚硝酸盐、乙钠盐、尿素等）。

（7）泵送剂

泵送剂是改善混凝土泵送性能的外加剂。它由减水剂、调凝剂、引气剂、润滑剂等多种组分复合而成。

（8）速凝剂

速凝剂是使混凝土迅速凝结和硬化的外加剂。能使混凝土在5分钟内初凝，10分钟内终凝，1小时内产生强度。速凝剂主要用于喷射混凝土、堵漏等。

15. 砂浆分为哪几类？它们各自的特性各有哪些？砌筑砂浆组成材料及其主要技术要求包括哪些内容？

答：砂浆是由胶凝材料水泥和石灰、细骨料砂子加水拌合而成的，特殊情况下根据需要掺入塑性掺合料和外加剂，按照一定的比例混合后搅拌而成。砂浆的作用是将砌体中的块材粘结成整体共同工作；同时，砂浆平整地填充在块材表面能使块材和整个砌体受力均匀；由于砌体填满块材间的缝隙，也同时提高了砌体的隔热、保温、隔声、防潮和防冻性能。

（1）水泥砂浆

水泥砂浆是指不掺加任何其他塑性掺合料的纯水泥砂浆。其强度高、耐久性好、适用于强度要求较高、潮湿环境的砌体。但和易性及保水性差，在强度等级相同的情况下，用同样块材砌筑而成的砌体强度比砂浆流动性好的混合砂浆砌筑的砌体要低。

（2）混合砂浆

混合砂浆是指在水泥砂浆的基本组成成分中加入塑性掺合料（石灰膏、黏土膏）拌制而成的砂浆。它强度较高、耐久性较好、和易性和保水性好，施工灰缝容易做到饱满平整，便于施工。一般墙体多用混合砂浆，在潮湿环境中不适宜用混合砂浆。

（3）非水泥砂浆

它是不含水泥的石灰砂浆、黏土砂浆、石膏砂浆的统称。其强度低、耐久性差，通常用于地上简易的建筑。

砌筑砂浆的技术性质主要包括新拌砂浆的密度、和易性、硬化砂浆强度和对基面的粘结力、抗冻性、收缩值等指标。其中强度和和易性是新拌砂浆两个重要技术指标。

新拌砂浆的和易性是指砂浆易于施工并能保证质量的综合性质。和易性好的砂浆不仅在运输施工过程中不易产生分离、离析、泌水，而且能在粗糙的砖、石表面铺成均匀的薄层，与基层保持良好的粘结，便于施工操作。和易性包括流动性和保水性两个方面。流动性是指砂浆在重力和外力作用下产生流动的性能。通常用砂浆稠度仪测定。砂浆的保水性是指新拌砂浆能够保持内部水分不泌出流失的能力。砂浆的保水性用保水率（%）表示。

新拌砂浆的强度以3个70.7mm×70.7mm×70.7mm的立方体试

块，在标准状况下养护28天，用标准方法测得的抗压强度（MPa）的算术平均值来评定。砂浆强度等级分为M5、M7.5、M10、M15、M20、M25、M30七个等级。

16. 砌筑用石材怎样分类？它们各自在什么情况下应用？

答：承重结构中常用的石材应选用无明显风化的天然石材，常用的有重力密度大的花岗岩、石灰岩、砂岩及轻质天然石。重力密度大的重质天然石材强度高、耐久和抗冻性能好，一般用于石材生产区的基础砌体或挡土墙中，也可用于砌筑承重墙，但其热阻小、导热系数大，不宜用于北方需要采暖地区。

石材按其加工后的外形规整的程度可分为料石和毛石。料石多用于墙体，毛石多用于地下结构和基础。

料石按加工粗细程度不同分为细料石、半细料石、粗料石和毛料石4种。料石截面高度和宽度尺寸不宜小于200mm，且不小于长度的1/4。毛石外形不规整，但要求中部厚度不应小于200mm。

石材通常用3个边长为70mm的立方体试块抗压强度的平均值确定。

石材抗压强度等级有MU100、MU80、MU60、MU50、MU40、MU30和MU20七个等级。

17. 砖分为哪几类？它们各自的主要技术要求有哪些？工程中怎样选择砖？

答：块材是组成砌体的主要部分，砌体的强度主要来自于其中的块材。现阶段工程结构中常用的块材有砖、砌体和各种石材。

（1）烧结普通砖

烧结普通砖是由矸石、页岩、粉煤灰或黏土为主要原料，经过焙烧而成的实心砖。分为烧结煤矸石砖、烧结页岩砖、烧结粉煤灰砖、烧结黏土砖等。实心黏土砖是我国砌体结构中最主要的和最常见的块材，其生产工艺简单、砌筑时便于操作、强度较高、价格较低廉，所以使用量很大。但是由于生产黏土砖消耗黏土的量大、毁坏农田，与农业争地的矛盾突出，焙烧时造成的大气污染等对国家可持续发展构成负面影响，除在广大农村和城镇大量使用以外，大中城市已不允许建设隔热保温性能差的实心砖砌体房屋。

1）烧结黏土砖

烧结黏土砖的尺寸为240mm×115mm×53mm。为符合砖的规格，砖砌体的厚度为240mm、370mm、490mm、620mm、740mm等尺寸。

2）烧结多孔砖

烧结多孔砖是由矸石、页岩、粉煤灰或黏土为主要原料，经过焙烧而成、空洞率不大于35%，孔的尺寸小而数量多，主要用于承重部位的砖。

砖的强度等级是根据标准试验方法（半砖叠砌）测得的破坏时的抗压强度确定，同时考虑到这类砖的厚度较小，在砌体中易受弯、受剪后易折断，《砌体结构设计规范》GB 50003—2011规定某种强度的砖同时还要满足对应的抗折强度要求，普通黏土砖和黏土空心砖的强度共有MU30、MU25、MU20、MU15、MU10五个等级。

（2）非烧结硅酸盐砖

这类砖是用硅酸盐类材料或工业废料粉煤灰为主要原料生产的，具有节省黏土不损毁农田、有利于工业废料再利用、减少工业废料对环境污染的作用，同时可取代黏土砖生产，从而可有效降低黏土砖生产过程中环境污染问题，符合环保、节能和可持续发展的思路。这类砖常用的有蒸压灰砂普通砖、蒸压粉煤灰普通砖两类。

1）蒸压灰砂普通砖。它是以石灰等钙质材料和砂等硅质材料为主要原料，经坯料制备、压制排气成型、高压蒸汽养护而成的实心砖。

2）蒸压粉煤灰普通砖。它是以石灰、消石灰（如电石渣）或水泥等钙质材料与粉煤灰等硅质材料（砂等）为主要原料，掺加适量石膏，经坯料制备、压制排气成型、高压蒸汽养护而成的实心砖。

蒸压灰砂普通砖和蒸压粉煤灰普通砖的规格尺寸与实心黏土砖相同，能基本满足一般建筑的使用要求，但这类砖强度较低、耐久性稍差，在多层建筑中不用为宜。在高温环境下也不具备良好的工作性能，不宜用这类砖砌筑壁炉和烟囱。由于蒸压灰砂砖和粉煤灰砖自重小，用于框架和框架—剪力墙结构的填充墙不失为较好的墙体材料。

蒸压灰砂砖的强度等级，与烧结普通砖一样，由抗压强度和抗折强度综合评定。在确定粉煤灰砖强度等级时，要考虑自然碳化影响，对试验室实测的值除以碳化系数 1.15。《砌体结构设计规范》规定，它们的强度等级分为 MU25、MU20、MU15 三个等级。

（3）混凝土砖

它是以水泥为胶凝材料，以砂、石为主要集料、加水搅拌、成型、养护制成的一种多孔的混凝土半盲孔砖或实心砖。多孔砖的主要规格尺寸为 240mm×150mm×90mm、240mm×190 mm ×90mm、190mm×190mm×90mm 等；实心砖的主要规格尺寸为 240mm×115mm×53mm 、240mm×115mm×90mm。

18. 工程中最常用的砌块是哪一类？它的主要技术要求有哪些？它的强度分几个等级？

答：砌块体积可达标准砖的 60 倍，因为其尺寸大才称为砌块。砌块分为实心砌块和空心砌块两类。工程中最常用的砌块是混凝土小型空心砌块，由普通混凝土或轻集料混凝土制成，主要规格尺寸为 390mm×190mm×190mm、空心率为 25% ~ 50%，简称为混凝土砌块或砌块。通常，把高度小于

380mm 的砌块称为小型砌块，高度在 380～900mm 的称为中型砌块。

混凝土空心砌块由于尺寸大，砌筑效率高，同样体积的砌体可减少砌筑次数，降低劳动强度。

混凝土砌块的强度等级是根据单块受压毛截面积试验时的破坏荷载折算到毛截面积上后确定的。其强度等级分为 MU20、MU15、MU10、MU7.5 和 MU5 五个等级。

19. 钢筋混凝土结构用钢材有哪些种类？各类的特性是什么？

答：现行国家标准《混凝土结构设计规范》GB 50010 中规定：增加了强度为 500MPa 级的热轧带肋钢筋；推广 400MPa、500MPa 级热轧带肋高强度钢筋作为纵向受力的主导钢筋，限制并逐步淘汰 335MPa 级热轧带肋钢筋的应用；用 300MPa 级光圆钢筋取代 HPB235 级光圆钢筋。推广具有较好延性、可焊性、机械连接性能及施工适应性的 HRB 系列普通钢筋。引入用控温轧制工艺生产的 HRBF 系列细晶粒带肋钢筋。RRB 系列余热处理钢筋由轧制钢筋经高温淬水，余热处理后提高强度，其延性、可焊性、机械连接性能及施工适应性降低，一般可用于对变形性能及加工性能要求不高的构件中，如基础、大体积混凝土、楼板、墙体以及次要的中小结构构件等。

混凝土结构和预应力混凝土结构中使用的钢筋如下：

（1）纵向受力普通钢筋宜采用 HRB400、HRB500、HRBF400、HRBF500 钢筋，也可采用 HPB300、HRB335、HRBF335、RRB400 钢筋。

（2）梁、柱纵向受力普通钢筋应采用 HRB400、HRB500、HRBF400、HRBF500 钢筋。

（3）箍筋宜采用 HPB300、HRB400、HRBF400、HRB500、HRBF500 钢筋，也可采用 HRB335、HRBF335 钢筋。

（4）预应力筋宜采用中强度预应力钢丝、消除应力钢丝、钢绞线、预应力螺纹钢筋。

20. 钢结构用钢材有哪些种类？在钢结构工程中怎样选用钢材？

答：钢结构用钢材按组成成分分为碳素结构钢和低合金结构钢两大类。

钢结构用钢材按形状分为热轧型钢（如热轧角钢、热轧工字钢、热轧槽钢、热轧 H 型钢）、冷轧薄壁型钢、钢板等。

钢结构用钢材按强度等级可分为 Q235 钢、Q345 钢、Q390 钢、Q420 钢和 Q460 钢等，每个钢种可按其性能不同细分为若干个等级。

现行国家标准《钢结构设计规范》GB 50017 对钢结构所用钢材的选材规定如下：

（1）钢结构选材应遵循技术可靠、经济合理的原则，综合考虑结构的重要性、荷载特征、结构形式、应力状态、连接方法、钢材厚度、价格和工作环境等因素，选用合适的钢材牌号和材性。

（2）承重结构采用的钢材应具有屈服强度、伸长率、抗拉强度、冲击韧性和硫、磷含量的合格保证，对焊接结构尚应具有碳含量（或碳当量）的合格保证。焊接承重结构以及重要的非焊接承重结构采用的钢材还应具有冷弯试验的合格保证。当选用 Q235 钢时，其脱氧方法应选用镇静钢。

（3）钢材的质量等级，应按下列规定选用：

1）对不需要验算疲劳的焊接结构，应符合下列规定：

① 不应采用 Q235A（镇静钢）；

② 当结构工作温度大于 20℃时，可采用 Q235B、Q345A、Q390A、Q420A、Q460 钢；

③ 结构工作温度不高于 20℃但高于 0℃时，应采用 B 级钢；

④ 当结构工作温度不高于 0℃但高于-20℃时，应采用 C 级钢；

⑤ 当结构工作温度不高于-20℃时，应采用 D 级钢。

2）对不需要验算疲劳的非焊接结构，应符合下列规定：

① 当结构工作温度高于20℃时，可采用A级钢；

② 当结构工作温度不高于20℃但高于0℃时，宜采用B级钢；

③ 当结构工作温度不高于0℃但高于-20℃时，应采用C级钢；

④ 当结构工作温度不高于-20℃时，对Q235钢和Q345钢应采用C级钢；对Q390钢、Q420钢和Q460钢应采用D级钢。

3）对于需要验算疲劳的非焊接结构，应符合下列规定：

① 钢材至少应采用B级钢；

② 当结构工作温度不高于0℃但高于-20℃时，应采用C级钢；

③ 当结构工作温度不高于-20℃时，对Q235钢和Q345钢应采用C级钢；对Q390钢、Q420钢和Q460钢应采用D级钢。

4）对于需要验算疲劳的焊接结构，应符合下列规定：

① 钢材至少应采用B级钢；

② 当结构工作温度不高于0℃但高于-20℃时，Q235钢和Q345钢应采用C级钢；对Q390钢、Q420钢和Q460钢应采用D级钢；

③ 当结构工作温度不高于-20℃时，Q235钢和Q345钢应采用D级钢；对Q390钢、Q420钢和Q460钢应采用E级钢。

5）承重结构在低于-30℃环境下工作时，其选材还应符合下列规定：

① 不宜采用过厚的钢板；

② 严格控制钢材的硫、磷、氮含量；

③ 重要承重结构的受拉板件，当板厚大于等于40mm时，宜选用细化晶粒的GJ钢板。

（4）焊接材料熔敷金属的力学性能应不低于相应母材标准的下限值或满足设计要求。当设计或被焊母材有冲击韧性要求规定时，熔敷金属的冲击韧性应不低于设计规定或对母材的要求。

（5）对直接承受动力荷载或振动荷载且需要验算疲劳的结构，或低温环境下工作的厚板结构，宜采用低氢型焊条或低氢焊接方法。

（6）对T形、十字形、角接接头，当其翼缘板厚度等于大于40mm且连接焊缝熔透高度等于大于25mm或连接角焊缝高度大于35mm时，设计宜采用对厚度方向性能有要求的抗层状撕裂钢板，其Z向性能等级不应低于Z15（或限制钢板的含硫量不大于0.01%）；当其翼缘板厚度等于大于40mm且连接焊缝熔透高度等于大于40mm或连接角焊缝高度大于60mm时，Z向性能等级宜为Z25（或限制钢板的含硫量不大于0.007%）。钢板厚度方向性能等级或含硫量限制应根据节点形式、板厚、熔深或焊高、焊接时节点约束度，以及预热后热情况综合确定。

（7）有抗震设防要求的钢结构，可能发生塑性变形的构件或部位所采用的钢材应符合《钢结构设计规范》的规定，其他抗震构件的钢材性能应符合下列规定：

1）钢材应有明显的屈服台阶，且伸长率不应小于20%；

2）钢材应有良好的焊接性和合格的冲击韧性。

（8）冷加工成型管材（如方矩管、圆管）和型材，及经冷加工成型的构件，除所用原料板材的性能与技术条件应符合相应材料标准规定外，其最终成型后构件的材料性能和技术条件尚应符合相关设计规范或设计图纸的要求（如延伸率、冲击功、材料质量等级、取样及试验方法）。冷加工成型圆管的外径与壁厚之比不宜小于20；冷加工成型方矩管不宜选用由圆变方工艺生产的钢管。

21. 钢结构中使用的焊条分为几类？各自的应用范围是什么？

答：钢结构中使用的焊条分为：自动焊、半自动焊和E43××型焊；手工焊自动焊、半自动焊和E50××型焊条的手工焊等；自动焊、半自动焊和E55××。它们分别用于抗压、抗拉和抗弯强度、抗剪、抗拉、抗压和抗剪连接的焊缝中。

22. 防水卷材分为哪些种类？它们各自的特性有哪些？

答：防水卷材是一种具有一定宽度和厚度的能够卷曲成卷状的带状定型防水材料。根据构成防水膜层的主要原料的不同，防水卷材可以分为沥青防水卷材、高聚物改性沥青防水卷材和合成高分子防水卷材三类。其中高聚物改性沥青防水卷材和合成高分子防水卷材综合性能优越，是国内大力推广使用的新型防水卷材。

（1）沥青防水卷材

沥青防水卷材是以原纸、织物、纤维毡、塑料膜等材料为胎基，浸涂石油沥青、矿物粉料或塑料膜为隔离材料制成的防水卷材。它包括石油沥青纸胎防水卷材、沥青玻璃纤维布油毡、沥青玻璃纤维胎油毡几种类型。

沥青防水卷材重量轻、价格低廉、防水性能良好、施工方便、能适应一定的温度变化和基层伸缩变形，故多年来在工业与民用建筑的防水工程中得到广泛的应用。

（2）高聚物改性沥青防水卷材

高聚物改性沥青防水卷材是以高分子聚合物改性石油沥青为涂盖层，聚酯毡、纤维毡或聚酯纤维复合为胎基，细砂、矿物粉料或塑料膜为隔离材料制成的防水卷材。高聚物改性沥青防水卷材包括SBS改性沥青防水卷材、APP改性沥青防水卷材、铝箔塑胶改性沥青防水卷材。

高聚物改性沥青防水卷材具有使用年限长、技术性能好、冷施工、操作方便、污染性低等特点，克服了传统的沥青纸胎油毡低温柔性差、延伸率低、拉伸强度及耐久性比较差等缺点，通过改善其各项技术性能，有效提高了防水质量。

（3）合成高分子防水卷材

合成高分子防水卷材以合成橡胶、合成树脂或两者共混为基料，加入适量的化学助剂和填料，经混炼、压延或挤出等工序加工而成的防水卷材。

合成高分子防水卷材包括三元乙丙（EPDM）橡胶防水卷材、聚氯乙烯（PVC）防水卷材、聚氯乙烯-橡胶共混防水卷材等。

合成高分子防水卷材具有拉伸强度高、断裂伸长率大、抗撕裂强度高、耐热性能好、低温柔软性好、耐腐蚀、耐老化以及可以冷施工等一系列优异性能，是我国大力发展的新型高档防水卷材。

23. 防水涂料分为哪些种类？它们各具有哪些特点？

答：防水涂料按成膜物质的主要成分可分为沥青基防水涂料、高聚物改性沥青防水涂料、合成高分子防水涂料。按液态类型可分为溶剂型、水乳型和反应型三种。按涂层厚度又可分为薄质防水涂料、厚质防水涂料。

（1）沥青基防水涂料

沥青基防水涂料是以沥青为基料配制而成的水乳型或溶剂型防水涂料。水乳型防水涂料是将石油沥青分散于水中所形成的水分散体。溶剂型沥青涂料是将石油沥青直接溶解于汽油等有机溶剂后制得的溶液。沥青基防水涂料适用于Ⅲ、Ⅳ级防水等级的工业与民用建筑的屋面、混凝土地下室及卫生间的防水工程。

（2）高聚物改性沥青防水涂料

高聚物改性沥青防水涂料是以沥青为基料，用合成高分子聚合物进行改性而制成的水乳型或溶剂型防水涂料。由于高聚物的改性作用，使得改性沥青防水涂料的柔韧性、抗裂性、拉伸强度、耐高低温性能、使用寿命等方面优于沥青基防水涂料。常用品种有再生橡胶沥青防水涂料、氯丁橡胶沥青防水涂料、丁基橡胶沥青防水涂料等。高聚物改性沥青防水涂料适用于Ⅱ、Ⅲ、Ⅳ级防水等级的屋面、地面、混凝土地下室和卫生间等的防水工程。

（3）合成高分子防水涂料

合成高分子防水涂料是以合成橡胶或合成树脂为主要成膜物质，加入其他辅料而配成的单组分或多组分的防水涂料。种类涂料具有高弹性、高耐久性及优良的耐高低温性能，是目前常用的高档防水涂料。常用品种有聚氨酯防水涂料、硅橡胶防水涂料、氯磺化聚乙烯橡胶防水涂料和丙烯酸酯防水涂料等。合成高分子防水涂料适用于Ⅰ、Ⅱ、Ⅲ级防水等级的屋面、地下室、水池和卫生间的防水工程。

防水涂料应具有以下特点：

1）整体防水性好。能满足各类屋面、地面、墙面的防水工程要求。在基层表面形状复杂的情况下，如管道根部、阴阳角处等，涂刷防水涂料较易满足使用要求。

2）温度适应性强。因为防水涂料的品种多，养护选择余地大，可以满足不同地区气候环境的需要。

3）操作方便、施工速度快。涂料可喷可涂，节点处理简单，容易操作。可冷加工，不污染环境，比较安全。

4）易于维修。当屋面发生渗漏时，不必完全铲除旧防水层，只要在渗漏部位进行局部维修，或在原防水层上重做一次防水处理就可达到防水目的。

24. 什么是建筑节能？建筑节能包括哪些内容？

答：建筑节能是指在建筑材料生产、屋面建筑和构筑物施工及使用过程中，合理使用能源，尽可能降低能耗的一系列活动过程的总称。建筑节能范围和技术内容非常广泛，主要范围包括：

（1）墙体、屋面、地面、隔热保温技术及产品。

（2）具有建筑节能效果的门、窗、幕墙、遮阳及其他附属部件。

（3）太阳能、地热（冷）或其他生物质能等在建筑节能工程中的应用技术及产品。

（4）提高采暖通风效能的节电体系与产品。

（5）采暖、通风与空气调节、空调与采暖系统的冷热源处理。

（6）利用工业废物生产的节能建筑材料或部件。

（7）配电与照明、监测与控制节能技术及产品。

（8）其他建筑节能技术和产品等。

25. 常用建筑节能材料种类有哪些？它们特点有哪些？

答：（1）建筑绝热材料

绝热材料（保温、隔热材料）是指对热流具有明显阻抗性的材料或材料复合体。绝热制品（保温、隔热制品）是指将绝热材料加工成至少有一个面与被覆盖表面形状一致的各种绝热制品。绝热材料包括岩棉及制品、矿渣面及其制品、玻璃棉及其制品、膨胀珍珠岩及其制品、膨胀蛭石及其制品、泡沫塑料、微孔硅酸钙制品、泡沫石棉、铝箔波形纸保温隔热板等。

绝热材料具有表观密度小、多孔、疏松、导热系数小的特点。

（2）建筑节能墙体材料

建筑节能墙体材料主要包括蒸压加气混凝土砌块、混凝土小型空心砌块、陶粒空心砌块、多孔砖，多功能复合材料墙体砌块等。

建筑节能墙体材料与传统墙体材料相比具有密度小、孔洞率高、自重轻、砌筑工效高、隔热保温性能好等特点。

（3）节能门窗和节能玻璃

目前我国市场的节能门窗有PVC门窗、流塑复合门窗、铝合金门窗、玻璃钢门窗。节能玻璃包括中空玻璃、真空玻璃和镀膜玻璃等。

节能门窗和节能玻璃的主要优点是隔热保温性能良好、密封性能好。

第三节　施工图识读、绘制的基本知识

1. 房屋建筑施工图由哪些部分组成？它的作用包括哪些？

答：建筑施工图由以下几部分组成：

（1）建筑设计说明；

（2）各楼层平面布置图；

（3）屋面排水示意图、屋顶间平面布置图及屋面构造图；

（4）外纵墙面及山墙面示意图；

（5）内墙构造详图；

（6）楼梯间、电梯间构造详图；

（7）楼地面构造图；

（8）卫生间、盥洗室平面布置图、墙体及防水构造详图；

（9）消防系统图等。

建筑施工图的主要作用包括：

（1）确定建筑物在建设场地内的平面位置；

（2）确定各功能分区及其布置；

（3）为项目报批、项目招投标提供基础性参考依据；

（4）指导工程施工，为其他专业的施工提供前提和基础；

（5）是项目结算的重要依据；

（6）是项目后期维修保养的基础性参考依据。

2. 房屋建筑施工图的图示特点有哪些？

答：房屋建筑施工图的图示特点包括：

（1）直观性强；

（2）指导性强；

（3）生动美观；

（4）具体，实用性强；

（5）内容丰富；

（6）指导性和统领性强；

（7）规范化和标准化程度高。

3. 建筑施工图的图示方法及内容各有哪些？

答：建筑施工图的图示方法主要包括：

（1）文字说明；

（2）平面图；

（3）立面图；

（4）剖面图，有必要时加附透视图；

（5）表列汇总等。

建筑施工图的图示内容主要包括：

（1）房屋平面尺寸及其各功能分区的尺寸及面积；

（2）各组成部分的详细构造要求；

（3）各组成部分所用材料的限定；

（4）建筑重要性分级及防火等级的确定；

（5）协调结构、水、电、暖、位和设备安装的有关规定等。

4. 结构施工图的图示方法及内容各有哪些？

答：结构施工图是表示房屋承受各种作用的受力体系中各个构件之间相互关系、构件自身信息的设计文件，它包括下部结构的地基基础施工图、上部主体结构中承受作用的墙体、柱、板、梁或屋架等的施工图纸。

结构施工图包括结构设计说明、结构平面图以及结构详图，它们是结构图整体中联系紧密、相互补充、相互关联、相辅相成的三部分。

（1）结构设计总说明。结构设计总说明是对结构设计文件全面、概括性的文字说明，包括结构设计依据，适用的规范、规程、标准图集等，结构重要性等级、抗震设防烈度、场地土的类别及工程特性、基础类型、结构类型、选用的主要工程材料、施工注意事项等。

（2）结构平面布置图。结构平面布置图是表示房屋结构中各种结构构件总体平面布置的图样，包括以下三种：

1）基础平面图。基础平面图反映基础在建设场地上的布置、标高、基坑和桩孔尺寸、地下管沟的走向、坡度、出口，地基处理和基础细部设计，以及地基和上部结构的衔接关系的内容。如果是工业建筑还应包括设备基础图。

2）楼层结构布置图。包括首层、标准层结构布置图，主要内容包括各楼层结构构件的组成、连接关系、材料选型、配筋、构造做法，特殊情况下还有施工工艺及顺序等要求的说明等。对于工业厂房，还应包括纵向柱列、横向柱列的确定、吊车梁、连系梁、必要时设置的圈梁、柱间支撑、山墙抗风柱等的设置。

3）屋顶结构布置图。包括屋面梁、板、挑檐、圈梁等的设置、材料选用、配筋及构造要求；工业建筑包括屋架、屋面板、屋面支撑系统、天沟板、天窗架、天窗屋面板、天窗支撑系统的选型、布置和细部构造要求。

（3）细部构造详图。一般构造详图是和平面结构布置图一起绘制和编排的。主要反映基础、梁、板、柱、楼梯、屋架、支撑等的细部构造做法和适用的材料，特殊情况下包括施工工艺和施工环境条件要求等内容。

5. 混凝土结构平法施工图有哪些特点？

答：建设部发布实施了平法系列建筑标准图集（"平法"全称是"钢筋混凝土结构施工图平面整体表示法"），使平法在工程实践中得到普及使用，大大降低了设计者重复劳动所花费无效益的时间，使施工图设计工作焕然一新。平法的普及也极大地方便了施工技术人员的工作，通过明了、简捷、易懂的图纸使原来易于出错、易于产生漏洞、含混不清的环节得以补救，提高了施工质量和效益。同时，平法标准图集的问世在推动建筑行业规范化、标准化起到积极的示范和带头作用。在减轻设计者劳动强度、提高设计质量，节约能源和资源方面具有非常重要的意义。概括起来说，钢筋混凝土结构平法施工图的特点如下：

（1）标准化程度高，直观性强。

（2）降低设计者的劳动强度，提高工作效率。

（3）减少出图量，节约图纸量与传统设计法相比在60%～80%，符合环保和可持续发展的模式。

（4）减少了错、漏、碰、缺现象，校对方便，出错易改；易于读识，方便施工，提高了工效。

6. 在钢筋混凝土框架结构中板块集中标注包括哪些内容？

答：板块集中标注就是将板的编号、厚度、X和Y两个方向的配筋等信息在板中央集中表示的方法。标注内容为：板块编号、板厚、双向贯通筋及板顶面高差。对于普通楼（屋）面板两向均单独看作为一跨作为一个板块；对于密肋楼（屋）面板，两方向主梁（框架梁）均以一跨作为一个板块（非主梁的密肋次梁不视为一跨）。需要注明板的类型代号和序号，例如楼面板4，标注时写为LB4；屋面板2，标注时写为WB2；延伸悬挑板1，标注时写为YXB1，纯悬挑板6，标注时写为XB6等。构造上应注意延伸悬挑板的上部受力钢筋应与相邻跨内板的上部纵向钢筋连通配置。板厚用$h=\times$表示，单位为mm，一般省略不写；当悬挑板端和板根部厚度不一致时，注写时在等号后先写根部厚度，加注斜线后写板端的厚度，即$h=\times/\times$。如图中已经明确了板厚可以不予标注。贯通纵筋按板块的下部和上部分别标注，板块上部没有贯通筋时可不标注。板的下部贯通筋用B表示，上部贯通筋用T表示，B＆T代表下部与上部均配有同一类型的贯通筋；X方向的贯通筋用X打头，Y方向的贯通筋用Y打头，双向均设贯通筋时用X＆Y打头。

单向板中垂直于受力方向的贯通的分布钢筋设计中一般不标注，在图中统一标注即可。

板面标高高差是指相对于结构层楼面标高的高差，楼板结构层有高差时需要标注清楚，并将其写在括号内。

7. 在钢筋混凝土框架结构中板支座原位标注包括哪些内容？

答：板支座原位标注的内容主要包括板支座上部非贯通纵筋和纯悬挑板上部受力钢筋。

板支座原位标注的钢筋一般标注在配置相同钢筋的第一跨内，当在两悬挑部位单独配置时就在两跨的原位分别标注。在配置相同钢筋的第一跨或悬挑部位，用垂直于板支座一段适宜长度的中粗实线表示，当该钢筋通常设置在悬挑板上部或短跨上部时，该中粗实线应通至对边或贯通短跨；用上述中粗实线代表支座上部非贯通筋，并在线段上方注写钢筋编号、配筋值，括号内注写横向连续布置的跨数（x），如果只有一跨可不注写；（xA）代表该支座上部横向贯通筋在横向贯通的跨数和一段布置到了梁的悬挑端；（xB）代表该横向贯通的跨数和两端布置到了梁的悬挑端。

板支座上部非贯通钢筋伸入左右两侧跨内长度相同时只在一侧表示该钢筋的中粗线的下方标写伸入长度即可，如果伸入两侧长度不同则要分别标写清楚。板的上部非贯通钢筋和纯悬挑板上部的受力钢筋一般仅在一个部位注写，对于其他相同的非贯通钢筋，则仅在代表钢筋的线段上部注写编号及横向连续布置的跨数即可。对于弧形支座上部配置的放射状的非贯通筋，设计时应标明配筋间距的度量位置并加注"放射分布"字样。

8. 在钢筋混凝土框架结构中柱的列表标注包括哪些内容？

答：柱列表注写方式是指在柱平面布置图上，在编号相同的柱中选择一个或几个截面标注该柱的几何参数代号；在柱表中注写柱编号、柱段的起止标高、几何尺寸和柱的配筋，并配以柱各种及其箍筋类型图的方式来表示柱平法施工图。在结构设计时，柱表注写的内容主要包括：柱编号、柱的起止标高、柱几何尺寸和对轴线的偏心、柱纵筋、柱箍筋等主要内容。

（1）柱编号

柱的编号由类型代号和序号两部分组成，类型代号表示的是柱的类型，例如框架柱类型代号为 KZ，框支柱类型代号为 KZZ，芯柱的类型代号为 XZ，梁上柱的类型代号为 LZ，剪力墙上柱的类型代号为 QZ。由此可见，柱的类型代号也是其名称汉语拼音首字母的大写。序号是设计者依据自己习惯或设计顺序给每类柱所编的排序号，一般用小写阿拉伯数字表示，编号时，当柱的总高、分段截面尺寸和配筋都对应相同，只是柱分段截面与轴线的关系不同时，可以将这些柱编成相同的编号。

（2）柱的起止标高

1）各段起止标高的确定：各个柱段的分界线是自柱根部向上开始，钢筋没有改变到第一次变截面处的位置，或从该段底部算起柱内所配纵筋发生改变处截面作为分段界限分别标注。

2）柱根部标高：框架柱（KZ）和框支柱（KZZ）的根部标高为基础顶面标高；芯柱（XZ）的根部标高是指根据实际需要确定的起始位置标高；梁上柱（LZ）的根部标高为梁的顶面标高；剪力墙上柱的根部标高分两种情况：一是当柱纵筋锚固在墙顶时，柱根部标高为剪力墙顶面标高；当柱与剪力墙重叠一起时，柱根部标高为剪力墙顶面往下一层的结构楼面标高。

（3）柱几何尺寸和对轴线的偏心

① 矩形柱：矩形柱的注写截面尺寸 $b \times h$ 及与轴线的几何参数代号 b_1、b_2 和 h_1、h_2 的具体数值，一般对应于各段柱分别标注。其中 $b=b_1+b_2$，$h=h_1+h_2$。当柱截面的某一侧收缩至与柱轴线重合时，对应的几何参数 b_1、b_2 和 h_1、h_2 对应的值就为 0；当其中某一侧收缩到柱轴线另一侧时该对应的参数变为负值。

② 圆柱：柱表中 $b \times h$ 改为在圆柱直径数字之前加 d 表示。设计中为了使表达的更简单，圆柱形截面与轴线的关系用 b_1、b_2 和 h_1、h_2 表示，即 $d=b_1+b_2=h_1+h_2$。

（4）柱内纵筋

当柱纵筋直径相同、各边根数也相同时，将纵筋注写在"全部纵筋"一栏中，除此之外，纵筋分为角筋、截面 b 边中部筋和 h 边中部钢筋三类要分别注写。对于对称配筋截面柱只需要注写一侧的中部筋，对称边可以省略。

①矩形柱：矩形柱的注写截面尺寸 $b\times h$ 及与轴线的几何参数代号 b_1、b_2 和 h_1、h_2 的具体数值，一般对应于各段柱分别标注。其中 $b=b_1+b_2$，$h=h_1+h_2$。当柱截面的某一侧收缩至与柱轴线重合时，对应的几何参数 b_1、b_2 和 h_1、h_2 对应的值就为0；当其中某一侧收缩到柱轴线另一侧时该对应的参数变为负值。②圆柱：柱表中 $b\times h$ 改为在圆柱直径数字之前加 d 表示。设计中为了使表达的更简单，圆柱形截面与轴线的关系用 b_1、b_2 和 h_1、h_2 表示，即 $d=b_1+b_2=h_1+h_2$。

（5）柱箍筋类型号

对于箍筋宜采用列表注写法，在柱表中按图选择相应的柱截面形状及箍筋类型号，并注写在表中。

（6）柱箍筋

包括箍筋的级别、直径和间距。在具有抗震设防的柱上下端箍筋加密区与柱中部非加密区长度范围内箍筋的不同间距，在注写时用斜线符号"/"加以区分，斜线前是加密区的箍筋间距，斜线后为非加密区箍筋的间距。箍筋沿柱高间距不变时不需要斜线。例如，某柱箍筋注写为 Φ10@100/200，表示箍筋采用的是 HPB300 级钢筋，箍筋直径为 10mm，柱端加密区箍筋间距为 100mm，非加密区箍筋间距为 200mm。

当柱截面为圆形时，采用螺旋箍筋时，在钢筋前加"L"。例如，某柱箍筋标注为 LΦ10@100/200，表示该柱采用螺旋箍筋，箍筋为 HPB235 级钢筋，箍筋直径为 10mm，加密区箍筋间距 100mm，非加密区箍筋间距为 200mm。抗震设防时的柱端钢筋加密区的长度根据《建筑抗震设计规范》GB 50011-2010 的规定，参照标准构造详图，在几种不同要求的长度中取最大值。

9. 在钢筋混凝土框架结构中柱的截面标注包括哪些内容？

答：在施工图设计时，在各标准层绘制的柱平面布置图的柱截面上，分别在相同编号的柱中选择一个截面，将截面尺寸和配筋数值直接标注在选定的截面上的方式，称为柱截面注写方式。采用柱截面注写法绘制柱平法施工图时应注意以下事项：

（1）当柱的分段截面尺寸和配筋均相同，仅分段截面与轴线的关系即柱偏心情况不同时，这些柱采用相同的编号；但需要在未画配筋的截面上注写该柱截面与轴线关系的具体尺寸。

（2）按平法绘制施工图时，从相同编号的柱中选择一个截面，按需要的比例原位放大绘制柱截面配筋图，并在各配筋图上柱编号的后面注写截面尺寸 $b \times h$、全部纵筋（全部纵筋为同一直径）、角筋、箍筋的具体数值，另外在柱截面配筋图上标注柱截面与轴线关系 b_1、b_2、h_1、h_2 的具体数值。

（3）当柱纵筋采用两种直径时，将截面各边中部纵筋的具体数值注写在截面的侧边；当矩形截面柱采用对称配筋时，仅在柱截面一侧注写中部纵筋，对称边则不注写。

10. 在框架结构中梁的集中标注包括哪些方法？

答：梁的集中标注方式是指在梁平面布置图上，分别在不同编号的梁中各选一根，将截面尺寸和配筋的具体数值集中标注在该梁上，以此来表达梁平面的整体配筋的方法。例如图1-1中 Ⓔ 轴线的框架梁，将梁的共有信息采用集中标注的方法标注在 ① ~ ② 轴线间梁段的上部。

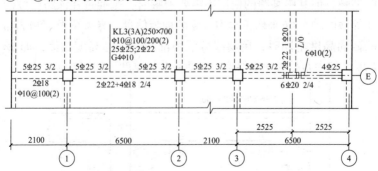

图1-1　梁的集中与原位标注

梁集中标注各符号代表的含义如图1-2所示。

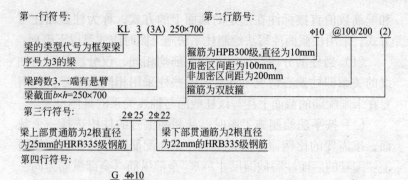

第一行符号:

KL 3 (3A) 250×700

梁的类型代号为框架梁

序号为3的梁

梁跨数3,一端有悬臂

梁截面b×h=250×700

第二行筋号:

Φ10 @100/200 (2)

箍筋为HPB300级,直径为10mm

加密区间距为100mm,
非加密区间距为200mm

箍筋为双肢箍

第三行符号:

2Φ25 2Φ22

梁上部贯通筋为2根直径
为25mm的HRB335级钢筋

梁下部贯通筋为2根直径
为22mm的HRB335级钢筋

第四行符号:

G 4Φ10

梁侧钢筋为构造钢筋

构造钢筋为4根直径为10mm的HPB300级钢筋

图1-2 梁集中标注各符号代表的含义

梁的集中标注表达梁的通用数值,它包括5项必注值和一项选注值。标注值包括梁的编号、梁的截面尺寸、梁箍筋、梁上部通长筋或架立筋、梁侧面纵向构造钢筋或受扭钢筋的配置;选注值为梁顶面标高高差。

(1)梁编号

梁编号由梁类型代号、序号、跨数及有无悬挑等项组成。

(2)梁截面尺寸

等截面梁用$b \times h$表示;加腋梁用$b \times hYc_1 \times c_2$表示,其中$c_1$为腋长,$c_2$为腋高,如图1-3所示。但在多跨梁的集中标注已经注明加腋,但其中某跨的根部不需要加腋时,则通过在该跨原位标注等截面的$b \times h$来修正集中标注的加腋信息。悬挑梁根部和端部的截面高度不同时,用斜线分隔根部与端部的高度数值,即$b \times h_1/h_2$,其中h_1是板根部厚度,h_2是板端部厚度,如图1-4所示。

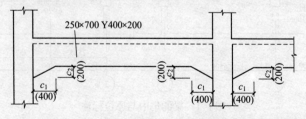

250×700 Y400×200

图1-3 加腋梁截面尺寸及注写方法

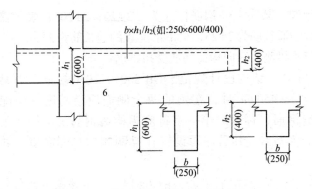

图1-4　悬挑梁不等高截面尺寸注写方法

（3）梁箍筋

梁箍筋需标注钢筋级别、直径、加密区与非加密区间距及箍筋肢数，箍筋肢数写在标注数值最后的括号内。梁箍筋加密区与非加密区的不同间距及肢数用斜线"/"分隔，写在斜线前面的数值是加密区箍筋的间距，写在斜线后的数值是非加密区箍筋的间距。梁上箍筋间距没有变化时不用斜线分隔。当加密区箍筋肢数相同时，则将箍筋肢数注写一次。

（4）梁上通长筋或架立筋

梁上通长钢筋是根据梁受力以及构造要求配置的，架立筋是根据箍筋肢数和构造要求配置的。当同排纵筋中既有通长筋也有架立筋时用"＋"将通长筋和架立筋相连，注写时将角部纵筋写在加号前，架立筋写在加号后面的括号内，以此来区别不同直径的架立筋和通长筋，如果两上部钢筋均为架立筋时，则写入括号内。

在当大多数跨配筋相同时，梁上部和梁下部纵筋均为通长筋时，在标注梁上部钢筋时同时标写下部钢筋，但要在上部和下部钢筋之间加"；"，用其将梁上部和下部通长纵筋的配筋值分开。

例如，某梁上部钢筋标注2Φ20，表示用于双肢箍；若标注为"2Φ20（2Φ12）"，其中2Φ20为通长筋，2Φ12为架立筋。

例如，某梁上部钢筋标注为"2Φ25；2Φ20"，表示该梁上部配置的通长筋为2Φ25，梁下部配置的通长筋为2Φ20。

（5）梁侧面纵向构造筋或受扭钢筋

《混凝土结构设计规范》GB 50010-2010规定，当梁的腹板高度 $h_w \geq 450$mm 时，在梁的两个侧面应沿高度方向配置纵向构造钢筋，标写时第一字符应为构造钢筋汉语拼音第一个字母的大写G，其后注写设置在梁两侧的总配筋值，并对称配筋。

例如，某梁侧向钢筋标注G6Φ14，表示该梁两侧分别对称配置纵向构造钢筋3Φ14，共6Φ14。

当梁承受扭矩作用需要设置沿梁截面高度方向均匀对称配置的抗扭纵筋时，标注时第一个字符为扭转的扭字汉语拼音的第一个字母的大写"N"，其后注写配置在梁两侧的抗扭纵筋的总配筋值，并对称配置。

例如，某梁侧向钢筋标注N6Φ22，表示该梁的两侧分别配置3Φ22纵向受扭箍筋，共配置6Φ22。

（6）梁顶顶面标高高差。梁顶顶面标高不在同一高度时，对于结构夹层的梁，则是指相对于结构夹层楼面标高的高差。有高差时，将此项高差标注在括号内，没有高差则不标注，梁顶面高于结构层的楼面标高，则标高高差为正值，反之为负值。

11. 在框架结构中梁的原位标注包括哪些方法？

答：这种标注方法主要用于梁支座上部和下部纵筋。顾名思义就是将梁支座上部和下部的纵向配置的钢筋标注在梁支座部位的平法标注方法。

（1）梁支座上部纵筋

梁支座上部纵筋包括用通长配置的纵筋和梁上部单独配置的抵抗负弯矩的纵筋，以及为截面抗剪设置的弯起筋的水平段等。

1）当梁的上部纵筋多于一排时，用斜线"/"线将各排纵筋自上而下隔开，斜线前表示上排钢筋，斜线后表示下排钢筋。例如，图1-1中KL3在①轴支座处，计算要求梁上部布置5Φ25纵筋，按构造要求钢筋需要配置成上下两排，原位标注为5Φ25 3/2，表示上一排纵筋为3Φ25的HRB335级钢筋，下一排为2Φ25的HRB335级钢筋。

2）当梁的上部和下部同排纵筋直径在两种以上时，在注写时用"＋"号将两种及以上钢筋连在一起，角部钢筋写在前边。例如图1-1中L10在Ⓔ轴支座处，梁上部纵筋注写为2Φ22+1Φ20，表示此支座处梁上部有3根纵筋，其中角部纵筋为2Φ22，中间一根为1Φ20。

3）当梁中间支座两边的上部纵筋不同时，须在支座两边分别标注；梁支座两边配筋相同时，可仅在支座一边标注配筋即可。

4）当梁上部纵筋跨越短跨时，仅将配筋值标注在短跨梁上部中间位置。例如，图1-1中KL3在②轴与③轴间梁上部注写5Φ25 3/2，表示②轴和③轴支座梁上部纵筋贯穿该跨。

（2）梁支座下部纵筋

梁支座下部纵向钢筋原位标注方法包括如下规定：

1）当梁的下部纵筋多于一排时，用斜线"/"将各排纵筋自上而下隔开，斜线前表示上排钢筋，斜线后表示下排钢筋。例如，图1-1中KL3在③轴和④轴间梁的下部，计算需要配置6Φ20的纵筋，按构造要求需要配置成两排，故原位标注为6 Φ20 2/4，表示上一排纵筋为2Φ20的HRB335级钢筋，下一排为4Φ20的HRB335级钢筋。

2）当梁的下部同排纵筋有两种直径以上时，在注写时用"＋"号将两种及以上钢筋连在一起，角部钢筋写在前边。例如，图1-1中KL3在①轴和②间梁下部，据计算需要配置2Φ22+4Φ18纵筋，表示此梁下部共有6根钢筋，其中上排纵筋为2Φ18，下排角部纵筋2Φ22，下排中部纵筋为2Φ18。

3）当梁下部纵筋不全部伸入支座时，将梁支座下部纵筋减少的数量写在括号内。例如，某根梁的下部纵筋标注为2Φ22+2Φ18（-2）/5Φ22，表示上排纵筋为2Φ22和2Φ18，其中2Φ18不伸入支座；下一排纵筋为5Φ22，且全部深入支座。

4）当梁的集中标注中已按规定分别标写了梁上部和下部均为通长的纵筋时，则不需要在梁下部重复作原位标注。

（3）附加箍筋和吊筋

当主次梁相交时由次梁传给主梁的荷载有可能引起主梁下部被压坏时，在设计时在主次梁相交处一般设置有附加箍筋或吊筋，可将附加箍筋或吊筋直接画在主梁上，用细实线引注总配筋值。例如，图1-1中的L10③轴和④轴间跨中6Φ10（2），表示在轴支座处需配置6根附加箍筋（双肢箍），L10的两侧各3根，箍筋间距按标准构造取用，一般为50mm。在一份图纸上，绝大多数附加箍筋和吊筋相同时，可在两平法施工图上统一注明，少数与统一注明不同时，再进行原位标注。

（4）例外情况

当梁上集中标注的内容不适于某跨或某悬挑部分时，则将其不同数值原位标注在该跨或悬挑部分，施工时按原位标注的数值取用。其中梁上集中标注的内容一般包括梁截面尺寸、箍筋、上部通长筋或架立筋、梁两侧纵向构造筋或受扭纵筋，以及梁顶面标高高差中的某一项或几项数值。例如，图1-1中①轴左侧梁悬挑部分，上部注写的5Φ25，表示悬挑部分上部纵筋与①轴支座右侧梁上部纵筋相同；下部注写2Φ18表示悬挑部分下部纵筋为2Φ18的HRB335级钢筋。Φ10@100（2）表示悬挑部分的箍筋通长为直径10mm、间距100mm的双肢箍。

梁截面注写方式是指在分标准层绘制的梁平面布置图上，分别在不同编号的梁中各选一根梁用剖面符号标出配筋图，并在其上注写截面尺寸和配筋具体数值的表示方式，如图1-5所示。

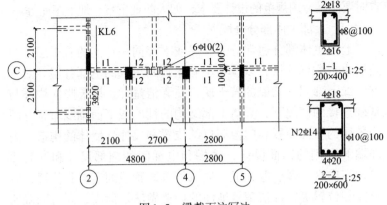

图 1-5　梁截面注写法

12. 建筑施工图的识读方法与步骤各有哪些内容?

答：建筑施工图识读方法与步骤包括了如下内容：

（1）宏观了解建筑施工图

读懂设计总说明和建筑设计说明，对其建筑平面布置、立面布置、建筑功能以及功能划分、柱网尺寸、层高有一个基本掌握。对有地下层的建筑，弄懂地下层的功能、平面尺寸和层高，了解基础的基本类型。对墙体材料和墙面保温及饰面材料有一个基本了解。同时了解房屋其他专业设计图纸和说明。

（2）认真研读和弄懂建筑设计说明

建筑设计说明是对本工程建筑设计的概括性的总说明，也是将建筑设计图纸中共性问题和个别问题用文字进行的表述。同时，对于设计图纸中采用的国家标准和地方标准，以及建筑防火等级、抗震等级、设防烈度和需要强调的主要材料的性能提出了具体要求。简单说就是对建筑设计图纸的进一步说明和强调。也是建筑设计的思想和精髓所在。因此，在识读建筑施工图之前需要认真读懂建筑设计说明。

（3）弄懂地基基础的类型和定位放线的详细内容

有地下层时弄清地下层的功能、布局及分工，有特殊功能要求时要满足专用规范的设计要求，如人防地下室、地下车库等。

（4）上部主体部分分段

上部主体部分通常分为首层或下部同一功能的若干层，中间层也俗称标准层，以及顶层和屋顶间组成的上部各层。对于首层或下部同一功能的若干层，在弄清楚柱、墙等竖向构件与基础连接的情况下，弄清上部结构的柱网或平面轴线布置。明确各层的平面布置、门窗洞口的位置和尺寸、墙体的构造、内外墙和顶棚的饰面设计，楼梯和电梯间的细部尺寸和开洞要求，室内水、暖、电、卫、通风等系统管线的走向和位置，以及安装位置等，弄清楚楼地面的构造做法及标高，同时明确所在层的层高。同时注意与结构施工图、设备施工图相配合。

（5）标准层和顶层及屋顶间内部的建筑施工图识读与首层大致相同，这里不再赘述。

（6）应读懂屋面部分的防水和隔热保温层的施工图和屋面排水系统图、屋顶避雷装置图、外墙面的隔热保温层施工图及设计要求等。电梯间、消防水箱间或生活用水的水箱间的建筑图及其与水箱安装系统图等之间的关系。

13. 结构施工图的识读方法与步骤各有哪些内容？

答：结构施工图反映了建筑物中结构组成和各构件之间的相互关系，对各构件而言它反映了其组成材料的强度等级、截面尺寸、构件截面内各种钢筋的配筋值及相关的构造要求。识读结构施工图的步骤如下：

（1）宏观了解建筑施工图

读懂设计总说明和建筑设计说明，对其建筑平面布置、立面布置、建筑功能以及功能划分、柱网尺寸、层高有一个基本掌握。对有地下层的建筑，弄懂地下层的功能、平面尺寸和层高，了解基础的基本类型。对墙体材料和墙面保温及饰面材料有一个基本了解。同时了解房屋其他专业设计图纸和说明。

（2）认真研读和弄懂结构设计说明

结构设计说明是对本工程结构设计的概括性的总说明，也是将结构设计图纸中共性问题和个性问题用文字进行的表述。同时，对于设计图纸中采用的国家标准和地方标准，以及结构重要性等级、抗震等级、设防烈度和需要强调的主要材料的强度等级和性能提出了具体要求。简单说就是对结构设计图纸的进一步说明和强调。也是结构设计的思想和灵魂所在。因此，在识读结构施工图之前需要认真读懂结构设计说明。

（3）认真研读地质勘探资料

地勘资料是地勘成果的汇总，它比较清楚地反映了结构下部的工程地质和水文地质详细情况，是进行基础施工必须掌握的内容。

（4）首先接触和需要看懂地基和基础图

地基和基础是房屋建筑最先施工的部分，在地基和基础施工前应首先对地基和基础施工的设计要求和设计图纸真正研读，弄清楚基础平面轴线的布置和基础梁底面和顶面标高位置，弄清楚地基和基础主要结构及构造要求，弄清楚施工工艺和施工顺序，为进行地基基础施工做好准备。

（5）标准层的结构施工图的识读

主体结构通常分为首层或下部同一功能的若干层，中间层也俗称标准层，以及顶层和屋顶间组成的上部各层。对于首层或下部同一功能的若干层，在弄清楚柱、墙等竖向构件与基础连接的情况下，弄清上部结构的柱网或平面轴线布置。明确各结构构件的定位、尺寸、配筋以及与本层相连的其他构件的相互关系，明确所在层的层高。按照梁、板、柱和墙的平法识图规则识读各自的结构施工图。弄清楚电梯间、楼梯间与主体结构之间的关系。

（6）顶层及屋顶间的结构施工图识读与首层相同，这里不再赘述。

第四节　工程施工工艺和方法

1. 岩土按工程分类可分为哪几类？

答：《建筑地基基础设计规范》GB 50007-2011 规定：作为建筑物地基岩土，可分为岩石、碎石土、砂土、粉土、黏性土和人工填土共六类。

（1）岩石：岩石是指颗粒间牢固粘结，呈整体或具有节理裂隙的岩体。它具有以下性质：

1）岩石的硬质程度

作为建筑地基的岩石除应确定岩石的地质名称外，还应根据岩石的坚硬程度，依据岩石的饱和单轴抗压强度将岩石分为坚硬岩、较硬岩、较软岩和极软岩。

2）岩石的完整程度

岩石的完整程度划分为完整、较完整、较破碎、破碎和极破碎五类。

（2）碎石土：碎石土是粒径大于2mm的颗粒含量超过全重50%的土。碎石土根据颗粒含量及颗粒形状可分为漂石（块石）、卵石（碎石）、圆砾（角砾）。

（3）砂土：砂土是指粒径大于2mm的颗粒含量不超过全重50%、粒径大于0.075mm的颗粒超过全重50%的土。按粒组含量分为砾砂、粗砂、中砂、细砂和粉砂。

（4）粉土：粉土是指介于砂土和黏土之间，塑性指数 $I_p \le$ 10且粒径大于0.0075的颗粒含量不超过全重的50%的土。

（5）黏性土：塑性指数 I_p 大于10的土称为黏性土，可分为黏土、粉质黏土。

（6）人工填土：是由指人类活动而形成的堆积物，其构成的物质成分较杂乱、均匀性较差。人工填土根据其组成和成因，可分为素填土、压实填土、杂填土、冲填土。素填土为由碎石土、砂土、粉土、黏土等组成的填土。压实填土是指经过压实或夯实的素填土。杂填土为含有建筑垃圾、工业废料、生活垃圾等杂物的填土。冲填土为由水力冲填泥砂形成的填土。

2. 常用地基处理方法包括哪些？它们各自适用哪些地基土？

答：地基处理的方法分类是：根据处理时间可分为临时处理和永久处理；根据处理深度可分为浅层处理和深层处理；根据被处理土的特性，可分为砂土处理和黏土处理，饱和土处理和不饱和土处理。现阶段一般按地基处理的作用机理对地基处理方法进行分类。

（1）机械压实法

机械压实法通常采用机械碾压法、重锤夯实法、平板振动法。这种处理方法是利用了土的压实原理，把浅层地基土压实、夯实或振实，属于浅层处理。适用地基土为碎石、砂土、粉土、低饱和度的粉土与黏性土、湿陷性黄土、素填土、杂填土等地基。

（2）换土垫层法

换土垫层法通常是采用砂石垫层、碎石垫层、粉煤灰垫层、干渣垫层、土或灰土垫层置换原有软弱地基土来进行地基处理的。其原理就是挖除浅层软弱土或不良土，回填碎石垫层、粉煤灰垫层、干渣垫层、粗颗粒土或灰土等强度较高的材料，并分层碾压或夯实土，提高承载力和减少变形，改善特殊土的不良特性，属浅层处理。这种处理方法适用于淤泥、淤泥质土、湿陷性黄土、素填土、杂填土地基及暗沟、暗塘等的浅层处理。

（3）排水固结法

排水固结法是采用天然地基和砂井及塑料排水板地基的堆载预压、降水预压、电渗预压等方法达到地基处理的。其原理是通过在地基中设置竖向排水通道并对地基施以预压荷载，加速地基土的排水固结和强度增长，提高地基稳定性，提前完成地基沉降，属深层处理。适用于深厚饱和软土和冲填土地基，对渗透性较低的泥炭土应慎用。

（4）深层密实法

深层密实法是通过采用碎石桩、砂桩、砂石桩、石灰桩、土桩、灰土桩、二灰桩、强夯法、爆破挤密法等对软弱地基土处理的一种方法。这种方法的原理是采用一定的技术方法，通过振动和挤密，使土体孔隙减少，强度提高，在振动挤密的过程中，回填砂、碎石、灰土、素土等，形成相应的砂桩、碎石桩、灰土桩、土桩等，并与地基土组成复合地基，从而提高强度，减少变形；强夯即利用强大的夯实功能，在地基中产生强烈的冲击波和动应力，迫使土体动力固结密实（在强夯过程中，可填入碎石，置换地基土）；爆破则为引爆预先埋入地基中的炸药，通过爆破使土体液化和变形，从而获得较大的密实度，提高地基承载能力，减少地基变形。这类地基处理方法属深层次处理。这种方法适用于松砂、粉土、杂填土、素填土、低饱和度黏性土及湿陷性黄土，其中强夯置换适用于软黏土地基的处理。

（5）胶结法

这种方法是采用对地基土注浆、深层搅拌和高压旋喷等方法使地基土土体结构改变，从而达到改善地基土受力和变形性能的处理方法。这类处理方法是采用专门技术，在地基中注入泥浆液或化学浆液，使土粒胶结，提高地基承载力、减少沉降量、防止渗漏等；或在部分软土地基中掺入水泥、石灰等形成加固体，与地基土组成复合地基，提高地基承载力、减少变形、防止渗漏；或高压冲切土体，在喷射浆液的同时旋转，提升喷浆管，形成水泥圆柱体，与地基土组成复合地基，提高地基承载力，减少地基沉降量，防止砂土液化、管涌和基坑隆起等。这类处理方法适用于淤泥、淤泥质土、黏性土、粉土、黄土、砂土、人工填土地基；注浆法还可适用于岩石地基。

（6）加筋法

加筋法是采用土工膜、土工织物、土工格栅、土工合成物、土锚、土钉、树根桩、碎石桩、砂桩等对地基土加固的一种方法。它的原理是将土工聚合物铺设在人工填筑的堤坝或挡土墙内起到排水、隔离、加固、补强、反滤等作用；土锚、土钉等置于人工填筑的堤坝或挡土墙内可提高土体的强度和自稳能力；在软弱土层上设置树根桩、碎石桩、砂桩等，形成人工复合土体，用以提高地基承载力，减少沉降量和增加地基稳定性。这类方法适用于软黏土、砂土地基、人工填土及陡坡填土等地基的处理。

3. 基坑（槽）开挖、支护及回填的注意事项各有哪些？

答：基坑工程根据其开挖和施工方法可分为无支护开挖和有支护开挖方法。有支护的基坑工程一般包括以下内容：围护结构、支撑体系、土方开挖、降水工程、地基加固、现场监测和环境保护工程。

有支护的基坑工程可以进一步分为无支撑围护和有支撑围护。无支撑围护开挖适合于开挖深度较浅、地质条件较好、周围环境保护要求较低的基坑工程，具有施工方便、工期短等特点。有支撑围护开挖适用于地层软弱、周围环境复杂、环境保护要求较高的深基坑开挖，但开挖机械的施工活动空间受限、支撑布置需要考虑适应主体工程施工、换拆支撑施工较复杂。

无支护放坡基坑开挖是空旷施工场地环境下的一种常见的基坑开挖方法，一般包括以下内容：降水工程、土方开挖、地基加固及土坡坡面保护。放坡开挖深度通常限于 $3 \sim 6m$，如果大于这一深度，则必须采取分段开挖，分段之间应该设置平台，平台宽度为 $2 \sim 3m$。当挖土通过不同土层时，可根据土层情况改变放坡的坡率，并酌留平台。

基坑的回填和压实对保护基础和地基起决定性的作用。回填土的密实度达不到要求，往往遭到水冲灌使地基土变软沉陷，导致基础不均匀沉陷发生倾斜和断裂，从而引起建筑物出现裂缝。所以，要求回填土压实后的土方必须具有足够大的强度和稳定性。为此必须控制回填土含水量不超过最佳含水量。回填前必须将坑中积水、杂物、松土清除干净，基坑现浇混凝土应达到一定的强度，不致受填土损失，方可回填。回填土料应符合设计要求。

房心土质量直接影响地面强度和耐久性。当房心土下沉时导致地面层空鼓甚至开裂。房心土应合理选用土料，控制最佳含水量，严格按规定分层夯实，取样验收。房心回填土深度大于1.5m时，需要在建筑物外墙基槽回填土时采取防渗水措施。

4. 混凝土扩展基础和条形基础的施工要点和要求有哪些？

答：混凝土扩展基础和条形基础的施工要点和要求包括：

（1）在混凝土浇灌前应先进行基底清理和验槽，轴线、基坑尺寸和土质应符合设计规定。

（2）在基坑验槽后应立即浇筑垫层混凝土，宜用表面振捣器进行振捣，要求表面平整。当垫层达到一定强度后，方可支模、铺设钢筋网。

（3）在基础混凝土浇灌前，应清理模板，进行模板的预验和钢筋的隐蔽工程验收。对锥形基础，应注意保证锥体斜面坡度的正确，斜面部分的模板应随混凝土的浇捣分段支设并顶压紧，以防模板上浮变形，边角处的混凝土必须注意捣实。严禁斜面部分不支模，用铁锹拍实。

（4）基础混凝土宜分层连续浇筑完成。

（5）基础上有插筋时，要将插筋加以固定，以保证其位置的正确。

（6）基础混凝土浇灌完，应用草帘等覆盖并浇水加以养护。

5. 筏形基础的施工要点和要求有哪些？

答：筏形基础的施工要点和要求包括：

（1）施工前如地下水位较高，可采用人工降低地下水位至基坑底不少于500mm，以保证无水情况下进行基坑开挖和基础施工。

（2）施工时，可采用先在垫层上绑扎底板、梁的钢筋和柱子锚固插筋，浇筑底板混凝土，待达到设计强度的25%后，再在底板上支梁模板，继续浇筑完梁部分混凝土；也可采用底板和梁模板一次同时支好，混凝土一次连续浇筑完成，梁侧模板采用支架支承并固定牢固。

（3）混凝土浇筑时一般不留施工缝，必须留设时，应按施工缝要求处理，并应设置止水带。

（4）混凝土浇筑完毕，表面应覆盖和洒水养护不少于7d。

（5）当混凝土强度达到设计强度的30%时，应进行基坑回填。

6. 箱形基础的施工要点和要求有哪些？

答：箱形基础的施工要点和要求包括：

（1）基坑开挖，如地下水位较高，应采取措施降低地下水位至基坑底以下500mm处。当采用机械开挖时，在基坑底面标高以上保留200～400mm厚的土层，采用人工清槽。基坑验槽后，应立即进行基础施工。

（2）施工时，基础底板、内外墙和顶板的支模、钢筋绑扎和混凝土浇筑，可采用分块进行，其施工缝的留设位置和处理应符合《混凝土结构工程施工质量验收规范》的有关规定，外墙接缝应设止水带。

（3）基础底板、内外墙和顶板宜连续浇筑完毕。如设置后浇带，应在顶板浇筑后至少两周以上再施工，使用比设计强度高一级的细石混凝土。

（4）基础施工完毕，应立即进行回填土。

7. 砖基础施工工艺要求有哪些？

答：砖基础砌筑前，应先检查垫层施工是否符合质量要求，然后清扫垫层表面，将浮土和垃圾清除干净。砌基础时可以立皮数杆先砌几皮转角及交接处的砖，然后在其间拉准线砌中间部分。若砖基础不在同一深度，则应先由底往上砌筑。在砖基础高低台阶接头处，下台面台阶要砌一定长度（一般不小于5500mm）实砌体，砌到上面后和上面的砖一起退台。

基础墙的防潮层，如设计无具体要求，宜用1：2.5的水泥砂浆加适量的防水剂铺设，其厚度一般为20mm。抗震设防地区的建筑物，不能用油毡做基础墙的水平防潮层。

8. 钢筋混凝土预制桩基础的施工工艺和技术要求各有哪些？

答：钢筋混凝土预制桩根据施工工艺不同可分为锤击沉桩法和静力压桩法，它们各自的施工工艺和技术要求分别为：

（1）锤击沉桩法

锤击沉桩法也称为打入法，是利用桩锤下落产生的冲击能克服土对桩的阻力，使桩沉到预定深度或达到持力层。

1）施工程序：确定桩位和沉桩顺序→打桩机就位→吊桩喂桩→校正→锤击沉桩→接桩→再锤击沉桩→送桩→收锤→切割桩头。

2）打桩时，应用导板夹具或桩箍将桩嵌固在桩架内。将桩锤和桩帽压在桩顶，经水平和垂直度校正后，开始沉桩。

3）开始沉桩时应短距轻击，当入土一定深度并待桩稳定后，再按要求的落距沉桩。

4）正式打桩时，宜用"重锤低击"、"低提重打"，可取得良好效果。

5）桩的入土深度控制，对于承受轴向荷载的摩擦桩，以桩端设计标高为主，贯入度作为参考；端承桩则以贯入度为主，桩端设计标高作为参考。

6）施工时，应注意做好施工记录。

7）打桩时还应注意观察：打桩入土的速度；打桩架的垂直度；桩锤回弹情况；贯入度变化情况。

8）预制桩的接桩工艺主要有硫磺胶泥浆锚法接桩、焊接法接桩和法兰螺栓接桩法三种。前一种适用于软土层，后两种适用于各种土层。

（2）静力压桩法

1）静力压桩的施工一般采取分段压入、逐段接长的方法。施工程序为：测量定位→压桩机就位→吊桩插桩→桩身对中调直→静压沉桩→接桩→再静压沉桩→终止压桩→切割桩头。

2）压桩时，用起重机将预制桩吊运或用汽车运至桩机附近，再利用桩机自身设置的起重机将其吊入夹持器中，夹持油缸将桩从侧面夹紧，即可开动压桩油缸。先将桩压入土中1m后停止，矫正桩在互相垂直的两个方向垂直度后，压桩油缸继续伸程动作，把桩压入土中。伸程完成后，夹持油缸回程松夹，压桩油缸回程。重复上述动作，可实现连续压桩操作，直至把桩压入预定深度土层中。

3）压同一根（节）桩时应连续进行。

4）在压桩过程中要认真记录桩入土深度和压力表读数的关系，以判断桩的质量和承载力。

5）当压力数字达到预先规定数值，便可停止压桩。

9. 混凝土灌注桩的种类及其施工工艺流程各有哪些？

答：混凝土灌注桩是一种直接在现场桩位上就地成孔，然后在孔内浇筑混凝土或安放钢筋笼再浇筑混凝土而成的桩。按其成孔方法不同，可分为钻孔灌注桩、沉管灌注桩、人工挖孔灌注桩、爆扩灌注桩等。

（1）钻孔灌注桩

钻孔灌注桩是指利用钻孔机械钻出桩孔，并在孔中浇筑混凝土（或先在孔中放入钢筋笼）而成的桩。根据钻孔机械的钻头是否在土的含水层中施工，又分为泥浆护壁成孔和干作业成孔两种施工方法。

1）泥浆护壁成孔灌注桩施工工艺流程：测定桩位→埋设护筒→制备泥浆→成孔→清空→下钢筋笼→水下浇筑混凝土。

2）干作业成孔灌注桩施工工艺流程：测定桩位→钻孔→清孔→下钢筋笼→浇筑混凝土。

（2）沉管灌注桩

沉管灌注桩是指利用锤击打桩法或振动打桩法，将带有活瓣式桩尖或预制钢筋混凝土桩靴的钢管沉入土中，然后边浇筑混凝土（或先在管中放入钢筋笼）边锤击边振动边拔管而成的桩。前者称为锤击沉管灌注桩，后者称为振动沉管灌注桩。

1）沉管灌注桩成桩过程为：桩基就位→锤击（振动）沉管→上料→边锤击（振动）边拔管并继续浇筑混凝土→下钢筋笼并继续浇筑混凝土及拔管→成桩。

2）夯压成型沉管灌注桩。

夯压成型沉管灌注桩简称为夯压桩，是在普通锤击沉管灌注桩的基础上加以改进发展起来的新型桩。它是利用打桩锤将内夯管沉入土层中，由内夯管夯扩端部混凝土，使桩端形成扩大头，再灌注桩身混凝土，用内夯管和夯锤顶压在管内混凝土面形成桩身混凝土。

（3）人工挖孔灌注桩

人工挖孔灌注桩是指桩孔采用人工挖掘方法进行成孔，然后安装钢筋笼，浇筑混凝土而成的桩。为了确保人工挖孔灌注桩施工过程中的安全，施工时必须考虑预防孔壁坍塌和流砂现象的发生，制定合理的护壁措施。护壁方法可以采用现浇混凝土护壁、喷射混凝土护壁、砖砌体护壁、沉井护壁、钢套管护壁、型钢或木板桩工具式护壁等多种。以下以应用较广的现浇混凝土分段护壁为例说明人工成孔灌注桩的施工工艺流程。

人工成孔灌注桩的施工程序是：场地整平→放线、定桩位→挖第一节桩孔土方→支模浇筑第一节混凝土护壁→在护壁上二次投测标高及桩位十字轴线→安放活动井盖、垂直运输架、起重卷扬机或电动葫芦、活底吊木桶、排水、通风、照明设施等→第二节桩身挖土→清理桩孔四壁，校核桩孔垂直度和直径→拆除上节模板、支第二节模板、浇筑第二节混凝土护壁→重复第二节挖土、支模、浇筑混凝土护壁工序，循环作用直至设计深度→进行扩底（当需扩底时）→清理虚土、排除积水、检查尺寸和持力层→吊放钢筋笼就位→浇筑柱身混凝土。

10. 脚手架施工方法及工艺要求有哪些主要内容？

答：脚手架施工方法及工艺要求包括脚手架的搭设和拆除两个方面。

（1）脚手架的搭设包括：

1）脚手架搭设的总体要求。

2）确定脚手架搭设顺序。

3）各部位构件的搭设技术要点及搭设时的注意事项。

（2）确定脚手架的拆除工艺。

1）拆除作业应按搭设的相反手续自上而下逐层进行，严禁上下同时作业。

2）每层连墙件的拆除，必须在其上全部可拆杆件全部拆除以后进行，严禁先松开连墙杆，再拆除上部杆件。

3）凡已松开连接的杆件必须及时取出、放下，以避免作业人员疏忽误靠引起危险。

4）拆下的杆件、扣件和脚手板应及时吊运至地面，禁止自架上向下抛掷。

11. 砖墙砌筑技术要求有哪些？

答：全墙砌砖应平行砌起，砖层正确位置除用皮数杆控制外，每楼层砌完后必须校对一次水平、轴线和标高，在允许偏差范围内，其偏差值应在基础或楼板顶面调整。砖墙的水平灰缝厚度一般在10mm，但不小于8mm，也不大于12mm。水平灰缝砂浆饱满度不低于80%，砂浆饱满度用百格网检查。竖向灰缝宜用挤浆或加浆方法，使其灰缝饱满，严禁用水冲浆灌缝。

砖墙的转角处和交接处应同时砌筑。不能同时砌筑处，应砌成斜槎，斜槎长度不应小于高度的2/3。非抗震区及抗震设防为6度、7度地区，如临时间断处留槎确有困难，除转角处外，也可以留直槎，但必须做成阳槎，并加设拉结筋。拉结筋的数量为每120mm厚增设1根直径6mm的HPB300级钢筋（240mm厚墙放置两根直径6mm的HPB300级钢筋）；间距沿墙高度方向不得超过500mm；埋入长度从墙的留槎处算起，每边均不应小于500mm，对抗震设防6度、7度的地区，不应小于1000mm；末端应有90°的弯钩，抗震设防地区建筑物临时间断处不得留槎。

宽度小于1m的窗间墙，应选用整砖砌筑，半砖和破损的砖应分散使用于墙心或受力较小的部位。不得在下列墙体或部位中留设脚手眼：①空斗墙、半砖墙和砖柱；②砖过梁上与过梁成60°的三角形范围及过梁净跨1/2高度范围内；③宽度小于1m的窗间墙；④梁或梁垫下及其左右各500mm的范围内；⑤砖砌体的门窗洞口两侧200mm（石砌体为300mm）和转角处450mm（石砌体为60mm）的范围内。施工时在砖墙中留置的临时洞口，其侧边离交接处的墙面不应小于500mm，洞口净宽不应超过1m，洞口顶部宜设置过梁。抗震设防为9度地区的建筑物，临时洞口的设置应会同设计单位研究决定。临时洞口应做好补砌。

每层承重墙最上一皮砖，在梁或梁垫的下面，应用丁砖砌筑；隔墙与填充墙的顶面与上层结构的接触处，宜用侧砖或立砖斜砌挤紧。

设有钢筋混凝土构造柱的多层砖房，应先绑扎钢筋，而后砌砖墙，最后浇筑混凝土。墙与柱应沿高度方向每500mm设两根直径6mm的HPB300级拉结钢筋（一砖墙），每边伸入墙内不应少于1m；构造柱应与圈梁连接；砖墙应砌成马牙槎，每一马牙槎沿高度方向的尺寸不超过300mm，马牙槎从每层砖柱脚开始，应先退后进。该层构造柱混凝土浇筑完之后，才能继续上一层的施工。

砖墙每天砌筑高度以不超过1.8m为宜，雨天施工时，每天砌筑高度不宜超过1.2m。

12. 砖砌体的砌筑方法有哪些？

答：砖砌体的砌筑方法有"三一"砌砖法、挤浆法、刮浆法和满口灰法四种。以下介绍最常用的"三一"砌砖法、挤浆法。

（1）"三一"砌砖法。即是一块砖、一铲灰、一揉压并随手将挤出的砂浆刮去的砌筑方法。这种砌筑方法的优点是：随砌随铺，随即挤揉，灰缝容易饱满，粘结力好，同时在挤砌时随即刮去挤出墙面的砂浆，使墙面保持整洁。所以，砌筑实心砖墙宜采用"三一"砌砖法。

（2）挤浆法。用灰勺、大铲或铺灰器在墙顶铺一段砂浆，然后双手拿砖或单手拿砖，用砖挤入砂浆中一定厚度之后把砖放平，达到下齐边、上齐线、横平竖直的要求。这种砌砖方法的优点是，可以连续挤砌几块砖，减少繁琐的动作；平推平挤可使灰缝饱满；效率高；保证砌筑质量。

13. 砌块体施工技术要求有哪些内容？

答：砌块体施工技术要求有：

（1）编制砌块排列图

砌块吊装前应先绘制砌块排列图，以指导吊装施工和砌块准备。绘制时在立面图上用1:50或1:30的比例绘出横墙，然后将过梁、平板、大梁、楼梯、混凝土砌块等在图上标出，再将预留孔洞标出，在纵墙和横墙上画出水平灰线，然后按砌块错缝搭接的构造要求和竖缝的大小进行排列。以主砌块为主，其他各种型号砌块为辅，以减少吊次，提高台班产量。需要镶砖时，应整砖镶砌，而且尽量对称分散布置。砖的强度等级不应小于砌块的强度等级，镶砖应平砌，不宜侧砌和竖砌，墙体的转角处，不得镶砖；门窗洞口不宜镶砖。

砖块的排列应遵守下列技术要求：上下皮砌块错缝搭接长度一般为砌块长度的1/2（较短的砌块必须满足这个要求），或不得小于砌块皮高的1/3，以保证砌块牢固搭接，外墙转角及横墙交接处应用砌块相互搭接。如纵横墙不能互相搭接，则每二皮应设置一道钢筋网片。

砌块中水平灰缝厚度应为10～15mm；当水平灰缝有配筋或柔性拉结条时，其灰缝厚度为20～25mm。竖向灰缝的宽度为10～20mm；当竖向灰缝宽度大于30mm时，应用强度等级不低于C20的细石混凝土填实；当竖灰缝宽度大于或等于150mm，或楼层不是砌块加灰缝的整倍数时，都要用黏土砖镶砌。

（2）选择砌块安装方案。中小型砌块安装用的机械有台灵架、附有起重拔杆的井架、轻型塔式起重机等。根据台灵架安装砌块时的吊装线路分，有后退法、合拢法及循环法。

（3）机具准备除应准备好砌块垂直、水平运输和吊装的机械外，还要准备安装砌块的专用夹具和其他有关工具。

（4）砌块的运输及堆放。砌块的装卸可用少先式起重机、汽车式起重机、履带式起重机和塔式起重机等。砌块堆放应使场内运输线路最短。堆置场地应平整夯实，有一定泄水坡度，必要时开挖排水沟。砌块不宜直接堆放在地面上，应堆在草袋、炉渣垫层或其他垫层上，以免砌块底面弄脏。砌块的规格数量必须配套，不同类型分别堆放。砌块的水平运输可用专用砌块小车、普通平板车等。

14. 砌块砌体施工工艺有哪些内容？

答：砌块砌体施工的主要工序是：铺灰、吊砌块、校正、灌缝等。

（1）铺灰。砌块墙体所采用的砂浆，应具有较好的和易性，砂浆稠度采用 $50 \sim 80$mm，铺灰应均匀平整，长度一般以不超过 5m 为宜，炎热的夏季或寒冷季节应按设计要求适当缩短，灰缝的厚度按设计规定。

（2）吊砌块就位：吊砌块一般用摩擦式夹具，夹砌块时应避免偏心。砌块就位时应使夹具中心尽可能与墙身中心线在同一垂直线上，对准位置徐徐落于砂浆层上，待砌块安放稳当后，方可松开夹具。

（3）校正。用垂球或托线板检查垂直度，用拉准线的方法检查水平度。校正时可用人力轻微推动砌块或用撬杠轻轻撬动砌块，自重在 150kg 以下的砌块可用木锤锤击偏高处。

（4）灌缝。竖缝可用夹板在墙体内夹住，然后灌砂浆，用竹片插或铁棒捣，使其密实。当砂浆吸水后用刮缝板把竖缝和水平缝刮齐。此后砌块一般不准撬动，以防止破坏砂浆的粘结力。

15. 砖砌体工程质量通病有哪些？预防措施各是什么？

答：砖砌体工程的质量通病和预防措施如下：

（1）砂浆强度偏低，不稳定。这类问题有两种情况：一是砂浆标养试块强度偏低；二是试块强度不低，甚至较高，但砌体中砂浆实际强度偏低。标养试块强度偏低的主要原因是计量不准，或不按配比计量，水泥过期或砂及塑化剂质量低劣等。由于计量不准，砂浆强度离散性必然偏大。主要预防措施是：加强现场管理，加强计量控制。

（2）砂浆和易性差，沉底结硬。主要表现在砂浆稠度和保水性不合格，容易产生沉淀和泌水现象，铺摊和挤浆较为困难，影响砌筑质量，降低砂浆和砌块的粘结力。预防措施是：低强度砂浆尽量不用高强度水泥配制，不用细砂，严格控制塑化材料的质量和掺量，加强砂浆拌制计划性，随拌随用，灰桶中的砂浆经常翻拌、清底。

（3）砌体组砌方法错误。砖墙面出现数皮砖同缝（通缝、直缝）、里外两张皮，砖柱采用包心法砌筑，里外层砖互相不相咬，形成周围通天缝等，影响砌体强度，降低结构整体性。预防措施是：对工人加强技术培训，严格按规范方法组砌，缺损砖应分散使用，少用半砖，禁用碎砖。

（4）墙面灰缝不平，游丁走缝，墙面凹凸不平。水平灰缝弯曲不平直，灰缝厚度不一致，出现"螺丝"墙，垂直灰缝歪斜，灰缝宽窄不匀，丁不压中（丁砖未压在顺砖中部），墙面凹凸不平。防止措施是：砌前应摆底，并根据砖的实际尺寸对灰缝进行调整；采用皮数杆拉线砌筑，以砖的小面跟线，拉线长度（15~20mm）超长时应加腰线。竖缝，每隔一定距离应弹墨线找平，墨线用线坠引测，每砌一步架用立线向上引伸，立线、水平线与线坠应"三线归一"。

（5）墙体留槎错误。砌墙时随意留槎，甚至是阴槎，构造柱马牙槎不标准，槎口以砖渣填砌，接槎砂浆填塞不严，影响接槎部位砌体强度，降低结构整体性。预防措施是：施工组织设计中应对留槎作统一考虑，严格按规范要求留槎，采用18层退槎砌法；马牙槎高度，标准砖留5皮，多孔砖留3皮；对于施工洞所留槎，应加以保护和遮盖，防止运料车碰撞槎子。

（6）拉结钢筋被遗漏。构造柱及接槎的水平拉结钢筋往往被遗漏，或未按规定布置；配筋砖缝砂浆不饱满，露筋年久易锈。预防措施是：拉结筋应作为隐蔽检查项对待，应加强检查，并填写检查记录档案。施工中，对所砌部位需要配筋应一次备齐，以备检查有无遗漏。尽量采用点焊钢筋网片，适当增加灰缝厚度（以钢筋网片上下各有2mm保护层为宜）。

16. 常见模板的种类、特性及技术要求各是什么？

答：（1）模板的分类有按材料分类、按结构类型分类和按施工方法分类三种。

1）按材料分类，分为木模板、钢框木（竹）模板、钢模板、塑料模板、铝合金模板、玻璃模板、装饰混凝土模板、预应力混凝土薄板等。

2）按结构类型分类，分为基础模板、柱模板、梁模板、楼板模板、楼梯模板、墙模板、壳模板等。

3）按施工方法分类，分为现场拆装式模板、固定式模板和移动式模板。

（2）常见模板的特点。

常见模板的特点包括以下六个方面：

1）木模板的优点是制作方便、拼接随意，尤其适用于外形复杂或异形混凝土构件，此外，由于导热系数小，对混凝土冬期施工有一定的保温作用。

2）组合钢模板轻便灵活，拆装方便，通用性较强，周转率高。

3）大型模板工程结构整体性好，抗振性强。

4）滑升模板可节约大量模板，节省劳力，减轻劳动强度，降低工程成本，加快工程进度，提高机械化程度，但钢材的消耗量有所增加，一次性投资费用较高。

5）爬升模板既保持了大模板墙面平整的优点，又保持了滑模利用自身设备向上提升的优点。

6）台模是一种大型工具式模板、整体性好，混凝土表面容易平整，施工速度快。

（3）模板的技术要求包括以下六个方面：

1）模板及其支架应具有足够的强度、刚度和稳定性；能可靠地承受浇筑混凝土的重量、侧压力以及施工荷载。

2）模板的接缝不应灌浆；在浇筑混凝土之前，木模板应浇水湿润，但模板内不应有积水。

3）模板与混凝土的接触面应该清理干净并涂隔离剂，但不得采用影响结构性能或妨碍装饰工程施工的隔离剂。

4）浇筑混凝土之前，模板内的杂物应该清理干净；对清水混凝土工程及装饰混凝土工程，应使用能达到设计效果的模板。

5）用作模板的地坪、胎膜等应平整光洁，不得产生影响构件质量的下沉、裂缝、起砂或起鼓。

6）对跨度不小于4m的钢筋混凝土现浇梁、板，其模板应按设计要求起拱；当设计无具体要求时，起拱高度宜为跨度的1/1000～3/1000。

17. 钢筋的加工和连接方法各有哪些？

答：（1）钢筋的加工包括调直、除锈、下料切断、接长、弯曲成型等。

1）调直。钢筋的调直可采用机械调直、冷拉调直，冷拉调直必须控制钢筋的冷拉率。

2）除锈。钢筋的除锈可以采用电动除锈机除锈、喷砂除锈、酸洗除锈、手工除锈，也可以在冷拉过程中完成除锈工作。

3）下料切断。可用钢筋切断机及手动液压切断机。

4）钢筋弯折成型一般采用钢筋弯曲机、四头弯曲机及钢筋弯箍机，也可以采用手摇扳手、卡盘及扳手弯制钢筋。

（2）钢筋连接方法的分类和特点

钢筋的连接有焊接、机械连接和绑扎连接三类。

1）钢筋常用的焊接方法有：闪光对焊、电弧焊、电渣压力焊、电阻点焊、电弧压力焊和气压焊。焊接连接可节约钢材，改善结构受力性能，提高工效，降低成本。

2）机械加工连接有套筒挤压连接法、锥螺纹连接法和直螺纹连接法。

① 套筒挤压连接法的优点是：接头强度高，质量稳定可靠，安全、无明火，不受气候影响，适用性强；缺点是：设备移动不便，连接速度慢。

② 锥螺纹连接法的优点是：现场操作工序简单、速度快，应用范围广，不受气候影响；缺点是：现场施工的锥螺纹的质量漏扭或扭紧不准，丝扣松动对接头强度和变形有很大影响。

③ 直螺纹连接法优点是：不存在扭紧力矩对接头质量的影

响，提高了连接的可靠性，也加快了施工速度。

18. 混凝土基础、墙、柱、梁、板的浇筑要求和养护方法各是什么？

答：（1）混凝土的浇筑要求

混凝土的浇筑要求包括以下几个方面：

1）浇筑混凝土时为了避免发生离析现象，混凝土自高处自由倾落的高度不应超过2m，自由下落高度较大时，应使用溜槽或串筒，以防止混凝土产生离析。溜槽一般用木板制成，表面包铁皮，使用时其水平倾角不宜超过30°。串筒用钢板制成，每节筒长700mm左右，用钩环连接，筒内设缓冲挡板。

2）为了使混凝土能够振捣密实，浇筑时应该分层浇筑、振捣，并在下层混凝土初凝之前，将上层混凝土浇筑并振捣完毕。如果在下层混凝土已经初凝以后，再浇筑上层混凝土时，下层混凝土由于振动，已凝结的混凝土结构就会遭到破坏。

3）竖向构件（墙、柱）浇筑混凝土之前，底部应先填50～100mm厚与混凝土内砂浆成分相同的水泥砂浆。砂浆应用铁铲入模，不应用料斗直接倒入模内。浇筑墙体洞口时，要使洞口两侧混凝土高度大体一致。振捣时，振动棒应距洞口300mm以上，并从两侧同时振捣，以防止洞口变形。大洞口下部模板应开口并补充振捣。浇筑时不得发生离析现象。当浇筑高度超过3m时，应采用串筒、溜槽或振动串筒下落。

4）在一般情况下，梁和板的混凝土应同时浇筑。较大尺寸的梁（梁的高度大于1m）可单独浇筑，在浇筑与柱和墙连成整体的梁和板时，应在柱和墙浇筑完毕后停歇1～1.5h，使其获得初步沉实后，再继续浇筑梁和板。

5）由于技术上和组织上的原因，混凝土不能连续浇筑完毕，如中间间歇时间超过了混凝土的初凝时间，在这种情况下应留置施工缝。施工缝的位置应在混凝土浇筑之前确定，宜留在结构受剪力较小且便于施工的部位。柱应留水平缝，梁、板应留垂直缝。柱宜留在基础的顶面、梁或吊车梁牛腿的下面、吊车梁的上面、无梁板柱帽的下面。和板连接成整体的大截面梁，留置在板底面以下 20~30mm 处。单向板宜留置在平行于板的短边任何位置；有主梁的楼板，宜顺着次梁方向浇筑，施工缝应留置在次梁跨度中间 1/3 的范围内。墙留置在门洞口过梁跨中 1/3 范围内，也可留在纵横墙交接处。双向受力楼板、大体积混凝土结构、多层刚架、拱、薄壳、蓄水池、斗仓等复杂的工程，施工缝的位置应按设计要求留置。在浇筑施工缝处混凝土之前，施工缝处宜先铺水泥浆或与混凝土成分相同的水泥砂浆一层。浇筑时混凝土应细致捣实，使新旧混凝土紧密结合。浇筑混凝土时，应经常观察模板、支架、钢筋、预埋件和预留孔洞的情况。当发现有变形、移位时，应立即停止浇筑，并应在已浇筑的混凝土凝结前修整完好。浇筑混凝土时，应填写好施工记录。

（2）混凝土的养护方法

混凝土的凝结硬化是水泥颗粒水化作用的结果，而水泥颗粒的水化作用只有在适当的温度和湿度条件下才能顺利进行。混凝土的养护就是创造一个具有合适的温度和湿度的环境，使混凝土凝结硬化，逐渐达到设计要求的强度。混凝土养护的方法如下：

1）自然养护是在常温下（平均气温不低于 5℃）用适当的材料（如草帘）覆盖混凝土，并适当浇水，使混凝土在规定的时间内保持足够的湿润状态。混凝土自然养护应符合下列规定：在混凝土浇筑完毕后，应在 12 小时以内加以覆盖和浇水；混凝土的浇水养护日期：硅酸盐水泥、普通硅酸盐水泥、矿渣硅酸盐水泥拌制的混凝土不得少于 7 天；掺用缓凝型外加剂或有抗渗性要求的混凝土，不得少于 14 天；浇水次数应当保持混凝土具有足够的湿润状态为准。养护初期，水泥水化作用进行较快，需水也较多，浇水次数也较多；气温高时，也应增加浇水次数，养护用水的水质与拌制用的水质相同。

2）蒸汽养护是将构件放在充有饱和蒸汽或蒸汽空气混合物

的室内，在较高温度和相对湿度的环境中进行养护，以加快混凝土的硬化。混凝土蒸汽养护的工序制度包括：养护阶段的划分，静停时间，升、降温度，恒温养护温度与时间，养护室内相对湿度等。常压蒸汽养护过程分为四个阶段：静停阶段，升温阶段，恒温阶段，降温阶段。静停时间一般为2~6小时，以防止构件表面产生裂缝和疏松现象。升温速度不宜过快，以免由于构件表面和内部产生过多温度差而出现裂缝。恒温养护阶段应保持90%~100%的相对湿度，恒温养护温度不得高于95℃，恒温养护时间一般为3~8小时。降温速度不得超过10℃/h,构件出养护池后，其表面温度与外界温度差不得大于20℃。

3）针对大体积混凝土，可采用蓄水养护和塑料薄膜养护。塑料薄膜养护是将塑料溶液喷涂在已凝结的混凝土表面上，挥发后形成一种薄膜，使混凝土表面与空气隔绝，混凝土中的水分不再蒸发，内部保持湿润状态。

19. 钢结构的连接方法包括哪几种？各自的特点是什么？

答：钢结构的连接方法有焊接、螺栓连接、铆接。其中最常用的是焊接和螺栓连接，其特点如下：

（1）焊接的特点

速度快、工效高、密封性好，受力可靠、节省材料。但同时也存在污染环境、容易产生缺陷，如裂纹、孔隙、固体夹渣、未熔合和未焊透，焊接变形和焊接残余应力等。

（2）螺栓连接的特点

拼装速度快、生产效率高，可重复用于可拆卸结构。但也有加工制作费工费时，对板件截面有损伤，连接密封性差等缺陷。

20. 钢结构安装施工工艺流程有哪些？各自的特点和注意事项各是什么？

答：钢结构构件的安装包括如下内容：

（1）安装前的准备工作。应核对构件，核查质量证明书等技术资料。落实和深化施工组织设计，对稳定性较差的构件，起吊前进行稳定性验算，必要时应进行临时加固；应掌握安装前后外界环境；对图纸进行自审和会审；对基础进行验算。

（2）柱子安装。柱子安装前应设置标高观测点和中心线标志，并且与土建工程相一致；钢柱安装就位后需要调整，校正应符合有关规定。

（3）吊车梁安装应在柱子第一次校正和柱间支撑安装后进行。安装顺序应从有柱间支撑的跨间开始，吊装后的吊车梁应进行临时性固定。吊车梁的校正应在屋面系统构件安装并永久连接后进行。

（4）吊车轨道安装应在吊车梁安装符合规定后进行。吊车轨道的规格和技术条件应符合设计要求和国家现行有关标准的规定，如有变形应经矫正后方可安装。

（5）屋架的安装应在柱子校正符合规定后进行，屋面系统结构可采用扩大组合拼装后吊装，扩大组合拼装单元宜成为具有一定刚度的空间结构，也可进行局部加固。

（6）屋面檩条安装应在主体结构调整定位后进行。

（7）钢平台、梯子、栏杆的安装应符合国家现行有关标准的规定，平台钢板应铺设平整，与支承梁密贴，表面有防滑措施，栏杆安装牢固可靠，扶手转角应光滑。

（8）高层钢结构的安装。高层钢结构安装的主要节点有柱-柱连接，柱-梁连接，梁-梁连接等。在每层的柱与梁调整到符合安装标准后方可终拧高强螺栓，方可施焊。安装时，必须控制楼面的施工荷载。严禁在楼面堆放构件，严禁施工荷载（包括冰雪荷载）超过梁和楼板的承载力。

21. 地下工程防水混凝土施工技术要求和方法有哪些？

答：地下工程防水混凝土施工技术要求和方法有以下几点：

（1）防水混凝土处于侵蚀性介质中，混凝土抗渗等级不应小于P8；防水混凝土结构的混凝土垫层，其强度等级不得小于C15，厚度不应小于100mm。

（2）防水混凝土结构应符合下列规定：①结构厚度不应小于250mm；②裂缝宽度不得大于0.2mm，并不得贯通；③钢筋保护层厚度迎水面不应小于50mm。

（3）防水混凝土拌合，必须采用机械搅拌，搅拌时间不得小于2分钟；掺外加剂时，应根据外加剂的技术要求确定搅拌时间。防水混凝土必须采用机械振捣密实，振捣时间宜为10～30s，以混凝土开始泛浆和不冒气泡为准，并应避免漏振、欠振和超振。掺引起剂或引气型减水剂时，应采用高频插入式振捣器振捣。

（4）防水混凝土应连续浇筑，宜少留施工缝。当留设施工缝时应注意以下几点：①顶板、底板不宜留施工缝，顶拱、底拱不宜留纵向施工缝，墙体水平施工缝不宜留在剪力墙弯矩最大处或底板与侧墙的交接处，应留在高出底板顶面不小于300mm的墙体上，墙体有孔洞时，施工缝距孔洞边缘不宜小于300mm。拱墙结合的水平施工缝，宜留在起拱线以下150～300mm处；先拱后墙的施工缝可留在起拱线处，但必须加强防水措施。②垂直施工缝应避开地下水和裂隙水较多的地段，并宜与变形缝相结合。③防水混凝土进入终凝时，应立即进行养护，防水混凝土养护得好坏对其抗渗性有很大的影响，防水混凝土的水泥用量较多，收缩较大，如果混凝土早期脱水或养护中缺乏必要的温度和湿度条件，其后果较普通混凝土更为严重。因此，当混凝土进入终凝（浇筑后4～6小时）时，应立即覆盖并浇水养护。浇捣后3天内每天应浇水3～6次，3天后每天浇水2～3次，养护天数不得少于14天。为了防止混凝土内水分蒸发过快，还可以在混凝土浇捣1天后，在混凝土的表面刷水玻璃两道或氯乙烯-偏氯乙烯乳液，以封闭毛细孔道，保证混凝土有较好的硬化条件。

22. 地下工程水泥砂浆防水层施工采用的砂浆有几类？

答：常用的水泥砂浆防水层主要有多层普通水泥砂浆防水层、聚合物水泥砂浆防水层、掺外加剂的水泥砂浆防水层三种。

23. 屋面涂膜防水工程施工技术要求和方法有哪些？

答：屋面涂膜防水工程施工技术要求和方法包括以下几个方面：

（1）屋面涂膜防水工程施工的工艺流程：表面基层清理、修理→喷涂基层处理剂→节点部位附加增强处理→涂布防水涂料及铺贴胎体增强材料→清理及检查修理→保护层施工。

（2）防水涂膜施工应分层分遍涂布。待先涂的涂层干燥成膜后，方可涂布后一遍涂料。铺设胎体增强材料，屋面坡度小于15%时可平行屋脊铺设；坡度大于15%时应垂直屋脊铺设，并由屋面最低处向上操作。

（3）胎体的搭设长度，长边不得小于50mm；短边不得小于70mm。采用两层及以上胎体增强材料时，上下层不得互相垂直铺设，搭接缝应错开，其间距不得小于幅宽的1/3。涂膜防水的收头应用防水涂料多遍涂刷或用密封材料封严。

（4）涂膜防水屋面应做保护层。保护层采用水泥砂浆或块材时，应在涂膜层与保护层之间设置隔离层。

（5）防水涂膜严禁在雨天、雪天施工；五级风及以上时或预计涂膜固化前有雨时不得施工；气温低于5℃或高于35℃时不得施工。

24. 屋面卷材防水工程施工技术要求和方法有哪些？

答：屋面卷材防水工程施工包括沥青防水卷材施工、高聚物改性沥青防水卷材施工和合成高分子防水卷材施工三类。它们的施工技术要求和方法分别如下：

（1）沥青防水卷材防水工程施工技术要求和方法

它包括以下三个方面：

1）沥青防水卷材的铺设方向按照房屋的坡度确定：当坡度

小于3%时，宜平行屋脊铺贴；坡度在3%～15%之间时，可平行或垂直屋脊铺贴；坡度大于15%或屋面有受振动情况，沥青防水卷材应垂直屋脊铺贴；高聚物改性沥青防水卷材和合成高分子防水卷材可平行或垂直屋脊铺贴。坡度大于25%时，应采取防止卷材下滑的固定措施。

2）当铺贴连续多跨的屋面卷材时，应按先高跨后低跨，先远后近的顺序。对同一坡度，则应先铺好水落口、天沟、女儿墙、沉降缝部位，特别应先做好泛水，然后顺序铺设大屋面的防水层。

（2）高聚物改性沥青防水卷材施工技术要求和方法

它包括以下几个方面：

1）根据高聚物改性沥青防水卷材的特性，其施工方法有热熔法、冷粘法和自粘法三种。现阶段使用最多的是热熔法。

2）热熔法施工是采用火焰加热器熔化热熔型防水卷材底面的热熔胶进行粘结的施工方法。操作时，火焰喷嘴与卷材底面的距离应适中；幅宽内加热应均匀，以卷材底面沥青熔融至光亮黑色为度，不得过分加热或烧穿卷材；卷材底面热熔后应立即滚贴，并进行排汽、辊压粘结、刮封接口等工序。采用条粘法施工，每幅卷材两边的粘贴宽度不得小于150mm。

3）冷粘法（冷施工）是采用胶粘剂或冷玛瑅脂进行卷材与基层、卷材与卷材的粘结，而不需要加热施工的方法。

4）自粘法是采用带有自粘胶的防水卷材，不用热施工，也不需要涂刷胶结材料而进行粘结的施工方法。

（3）合成高分子防水卷材施工

合成高分子防水卷材的铺贴方法有：冷粘法、自粘法和热风焊接法。目前国内采用最多的是冷粘法。

合成高分子防水卷材施工工艺方法与（2）相同或相似，这里不再复述。

25. 楼地面工程施工工艺流程和操作注意事项有哪些？

答：一般楼地面工程施工是在上一层楼层的其他湿作业完

成后进行，以免损坏楼地面。在沟槽或暗管上面的楼地面，应在管道工程完成并经验收合格后进行。

常用的楼地面按面层所用材料不同分为水泥砂浆面层、水磨石面层、预制水磨石、大理石面层、塑料板面层等。为了节约篇幅，这里只谈一下水泥砂浆面层、预制水磨石及大理石地面的施工工艺。

（1）水泥砂浆面层

水泥砂浆面层的厚度为15～20mm。它的施工质量应从材料和抹面操作两个方面加以控制。水泥应选用不低于32.5级的普通硅酸盐水泥，宜选中砂或粗砂，并严格控制砂的含泥量。水泥砂浆的体积配合比为1∶2～1∶2.5，砂浆的稠度，当有焦碴垫层时宜为25～35mm，当在混凝土基层上铺设时，必须使用干硬性砂浆，以手捏成团稍出浆为准。

施工前要彻底清理基层，按要求做好面层以下的垫层，在面层施工前要将垫层浇水湿润，刷素水泥浆一道。水泥砂浆应随铺随拍实，在砂浆初凝前完成刮杠、抹平，在砂浆终凝前完成压光。压光宜采用钢抹子分三遍完成。面积较大房间的水泥地面应分格，分格线应平直，深浅一致，地面完成一昼夜后应用锯末覆盖，洒水养护不少于7天。

（2）预制水磨石、大理石地面

首先房间四边取中，在地面标高处作十字线，扫一层水泥砂浆。将石板浸水阴干，于十字线的交线处铺上1∶4干硬性水泥砂浆，厚度约30mm，先试铺，合格后再揭开石板，翻动底部砂浆、浇水，再撒一层水泥干面，然后正式镶铺。安好后应整齐平稳，横竖缝对直，图案颜色必须符合设计要求。不合格时，起出，补浆后再行铺装。厕所、浴室地面要找好泛水，以防积水。缝子先用水泥砂浆灌2/3高度，再用兑好颜色的水泥砂浆擦严，然后再用干锯末擦亮，再铺上锯末或草席将地面保护起来，2～3小时内严禁上人，4～5小时内禁止走小车。

26. 一般抹灰工程施工工艺流程和操作注意事项有哪些?

答:一般抹灰工程施工顺序为先外墙后内墙。外墙由上而下,先抹阳角线(包括门窗角、墙角)、台口线,后抹窗台和墙面。室内地坪可与外墙抹灰同时进行或交叉进行。室内其他抹灰是先顶棚后墙面,而后是走廊和楼梯,最后是外墙裙、明沟或散水坡。

(1)墙面抹灰

1)墙面抹灰的操作工序。墙面抹灰的施工工序有:基体清理→湿润墙面→阴角找方→阳角找方→涂刷108号胶水泥浆→抹踢脚板、墙裙及护角底层灰→抹墙面底层灰→设置标筋→抹踢脚板、墙裙及护角中层灰→抹墙面中层灰(高级抹灰墙面中层灰应分遍找平)→检查整修→抹踢脚板、墙裙面层灰→抹墙面面层灰并修整→表面压光。

2)墙面抹灰要点。墙面抹灰前,先找好规矩,即四角规方,横线找平,立线吊直,弹出准线、墙裙线、踢脚线。对于一般抹灰,应用托线板检查墙面平整、垂直程度,大致决定抹灰厚度(最薄处不小于7mm)。再在墙的上角各做一个标准灰饼(用打底砂浆或1:3水泥砂浆),遇有门窗洞口垛角处要增做灰饼。灰饼大小为5cm²,厚度以墙面平整垂直决定。然后根据两个灰饼用托线板或线坠吊挂垂直,做墙面下角两个标准灰饼(高低位置一般在踢脚线上口),厚度以垂直为准。待灰饼稍干后,拉通线在上下灰饼之间抹上约10cm的砂浆冲筋,用木杠刮平,厚度与灰饼相平,稍干后进行底层抹灰。对于高级抹灰,应先将房间规方,弹出墙角抹灰准线,并在准线上拉通线后做标准灰饼和冲筋。抹灰层采取分层涂抹多遍成活。底层灰应用力压进基层结构面的空隙之内,应粘结牢靠。中层灰等底层灰凝结后达7~8成干,用手指按压已不软,但有指印和潮湿感时,以冲筋厚找满砂浆为准,以大刮尺紧贴冲筋将中层灰刮平,最后用木模搓平,应达到密实平整和粗糙。当中层灰干至

81

7～8成后，普通抹灰可用麻刀灰罩面。中、高级抹灰用纸筋罩面，用铁抹抹平，并分两边适时压实收光。室内墙裙、踢脚线一般要比罩面灰墙面凸出3～5mm。因此，应根据高度尺寸弹线，把八字靠尺靠在线上用铁抹子切齐，修编清理，然后再抹墙裙和踢脚板。

（2）顶棚抹灰

钢筋混凝土楼板顶棚抹灰前，应用清水湿润并刷素水泥浆一道。抹灰前在四周墙上弹出水平线，以此线为依据，先抹顶棚四周，圈边找平。抹板条顶棚时，抹子运行方向应与板条方向垂直。抹苇箔顶棚底灰时，抹子方向应顺向苇箔。应将灰挤入板条、苇箔缝隙中，待底子灰6～7成干时再进行罩面，罩面分三遍压实、赶光。顶棚表面应平顺，并压实压光，不应有抹纹、气泡及接槎不平现象。顶棚与墙板相交的阳角，应成一条直线。

27. 木门窗工程安装工艺流程和操作注意事项各有哪些？

答：现代建筑使用的门窗按材料分类有木门窗、钢门窗、铝合金门窗、塑钢门窗等。它们的安装工艺各不相同，但建筑房间内部门多采用木门，为了节省篇幅此处仅讨论一下木门窗的安装工艺流程。

（1）立门窗框

门窗框的安装分为先立口和后塞口两种。

1）先立口就是先立好门窗框，再砌门窗框两边的墙。立框时应先在地面和砌好的墙上划出门窗框的中线及边线，然后按线把门窗框立上，用临时支撑撑牢，并校正门窗框的垂直和上下槛的水平。内门框应注意下槛"锯口"以下是否满足地面做法的厚度。立框时应注意门窗的开启方向和墙壁的抹灰厚度。立框要检查木砖的数量和位置，门窗框和木砖要钉牢，钉帽要砸扁，使之钉入口内，但不得有锤痕。

2）后塞口是在砌墙时留出门窗洞口，待结构完成后，再把门窗框塞定洞口固定。这种方法施工方便，工序无交叉，门窗框不易变形走动。采用后塞法施工时，门窗洞口尺寸每边要比门框尺寸每边大20mm。门窗框塞入后，先用木楔临时固定，靠、吊校正无误后，用钉子将门窗框固定在洞口预留木砖上。门窗框与洞口之间的缝隙用1：3水泥砂浆塞严。

（2）门扇的安装

门扇安装前，应先检查门窗框是否偏斜，门窗扇是否扭曲。安装时先要量出门窗洞口尺寸，根据其大小修刨门窗扇，扇两边应同时修刨，门窗的冒头是：先刨平下冒头，以此为准再修刨上冒头，修刨时注意风缝大小，一般门窗扇的对口处及扇与框之间的风缝需留2mm左右。门窗扇的安装，应使冒头、窗芯呈水平，双扇门窗的冒头要对齐，开关灵活，不能有自开自关的现象。

（3）安装门扇五金

按扇高的1/8～1/10（一般上留扇高1/10，下留扇高的1/8）在框上根据合页的大小画线，剔除合页槽，槽底要平，槽深要与合页厚度相适应，门插销应装在门拉手下面。安装窗钩的位置，应使开启后窗扇距墙20mm为宜。

门窗安装的允许偏差和留缝宽度应符合有关技术标准的要求。

28. 涂料工程施工工艺流程和操作注意事项有哪些？

答：涂料工程分为室内刷（喷）浆和室外刷（喷）浆两种情况。

（1）室内刷（喷）浆。室内刷（喷）浆按质量标准和浆料品种、等级来分几遍涂刷。中、高级刷浆应满刮腻子1～2遍，经磨平后再分2～3遍刷浆。机械喷浆则不受遍数限制，以达到质量要求为主。喷浆的顺序是先顶棚后墙面。先上后下，要求喷匀颜色一致，不流坠、无砂粒。

（2）室外刷（喷）浆。室外刷（喷）浆如分段进行，施工缝应留在分格缝、墙阳角或小落管等分界线处。同一墙面应用相同的材料和同一配合比。采用机械喷浆，要防止沾污门窗、玻璃等不刷浆的部位。

第五节　工程项目管理的基本知识

1. 施工项目管理的内容有哪些?

答：施工项目管理的内容包括如下几个方面：

（1）建立施工项目管理组织

①由企业采用适当的方式选聘称职的项目经理。②根据施工项目组织原则，采用适当的组织方式，组建施工项目管理机构，明确责任、权限和义务。③在遵守企业规章制度的前提下，根据施工管理的需要，制定施工项目管理制度。

（2）编制项目施工管理规划

施工项目管理规划包括如下内容：①进行工程项目分解，形成施工对象分解体系，以便确定阶段性控制目标，从局部到整体地进行施工活动和进行施工项目管理。②建立施工项目管理工作体系，绘制施工项目管理工作体系图和施工项目管理工作信息流程图。③编制施工管理规划，确定管理点，形成文件，以利执行。

（3）进行施工项目的目标控制

实现各项目标是施工管理的目的所在。施工项目的控制目标有进度控制目标、质量控制目标、成本控制目标、安全控制目标等。

（4）对施工项目施工现场的生产要素进行优化配置和动态管理

生产要素管理的内容包括：①分析各项生产要素的特点。②按照一定的原则、方法对施工项目生产要素进行优化配置，并对配置状况进行评价。③对施工项目的各项生产要素进行动态管理。

（5）施工项目的合同管理

在市场经济条件下，合同管理是施工项目管理的主要内容，是企业实现项目工程施工目标的主要途径。依法经营的重要组成部分就是按施工合同约定履行义务、承担责任、享有权利。

（6）施工项目的信息管理

施工项目信息管理是一项复杂的现代化管理活动，施工的目标控制、动态管理更要依靠大量的信息及大量的信息管理来实现。

（7）组织协调

组织协调是指以一定的组织形式、手段和方法，对项目管理中产生的关系不畅进行疏通，对产生的干扰和障碍予以排除的活动。协调与控制的最终目标是确保项目施工目标的实现。

2. 施工项目管理的组织任务有哪些？

答：施工项目管理的组织任务主要包括：

（1）合同管理

通过行之有效的合同管理来实现项目施工的目标。

（2）组织协调

组织协调是管理的技能和艺术，也是实现项目目标不可缺少的方法和手段。它包括与外部环境之间的协调，项目参与单位之间的协调和项目参与单位内部的协调三种类型。

（3）目标控制

施工项目目标控制是施工项目管理的重要职能，它是指项目管理人员在不断变化的动态环境中为确保既定规划目标的实现而进行的一系列检查和调整活动。其任务是在项目施工阶段采用计划、组织、协调手段，从组织、技术、经济、合同等方面采取措施，确保项目目标的实现。

（4）风险管理

风险管理是一个确定和度量项目风险及制定、选择和管理风险应对方案的过程。其目的是通过风险分析减少项目施工过程中的不确定因素，使决策更科学，保证项目的顺利实施，更好地实现项目的质量、进度和投资目标。

（5）信息管理

信息管理是施工项目管理中的基础性工作之一，是实现项目目标控制的保证。它是对施工项目的各类信息收集、储存、加工整理、传递及使用等一系列工作的总称。

（6）环境保护

环境保护是施工企业项目管理重要内容，是项目目标的重要组成部分。

3. 施工项目目标控制的任务包括哪些内容？

答：施工项目包括成本目标、进度目标、质量目标三大目标。目标控制的任务包括：使工程项目不超过合同约定的成本额度；保证在没有特殊事件发生和不改变成本投入、不降低质量标准的情况下按期完成；在投资不增加，工期不变化的情况下按合同约定的质量目标完成工程项目施工任务。

4. 施工项目目标控制的措施有哪些？

答：施工项目目标控制的措施有组织措施、技术措施、经济措施等。

（1）组织措施是指施工任务承包企业通过建立施工项目管理组织，建立健全施工项目管理制度，健全施工项目管理机构，进行确切和有效的组织和人员分工，通过合理的资源配置作为施工项目目标实现的基础性措施。

（2）技术措施是指施工管理组织通过一定的技术手段对施工过程中的各项任务通过合理划分，通过施工组织设计和施工进度计划安排，通过技术交底、工序检查指导、验收评定等手段确保施工任务实现的措施。

（3）经济措施是指施工管理组织通过一定程序对施工项目的各项经济投入的手段和措施。包括：各种技术准备的投入，各种施工设施的投入，各种设计管理人员、施工操作人员的工资、奖金和福利待遇的提高等各种与项目施工有关的经济投入措施。

5. 施工现场管理的任务和内容各有哪些?

答：施工现场管理分为施工准备阶段和施工阶段两个不同阶段的管理工作。

（1）施工准备阶段的管理工作

它主要包括拆迁安置、清理障碍、平整场地、修建临时设施、架设临时供电线路、接通临时用水管线、组织材料机具进场、施工队伍进场安排等工作，这些工作虽然比较零碎，但头绪很多，需要协调和管理的组织层次和范围比较广，是对项目管理组织的一个考验。

（2）施工阶段的现场管理工作

此阶段现场管理工作头绪更多，施工参与各方人员的管理和协调，设备和器具，材料和零配件，生产运输车辆，地面、空间等都是现场管理的对象。为了有效进行现场管理，根本的一条就是要根据施工组织设计确定的现场平面布置图进行布置，需要调整变动时需要首先申请、协商、得到批准后方可变动，不能擅自变动，以免引起各部分主体之间的矛盾，以免造成违反消防安全、环境保护等方面的问题造成不必要的麻烦和损失。

对于节电、节水、用电安全、修建临时厕所及卫生设施等方面的管理工作，最好列入合同附则，有明确的约定，以便能有效进行管理，以在安全文明卫生的条件下实现施工管理目标。

第二章 基 础 知 识

第一节 土建施工相关的力学知识

1. 力、力矩、力偶的基本性质有哪些？

答：（1）力

1）力的概念。力是物体之间相互的机械作用，这种作用的效果是使物体的运动状态发生改变，或者使物体发生变形。

2）力的三要素。力的大小、力的方向和力的作用点。

3）静力学公理。①作用力与反作用力公理：两个物体之间的作用力和反作用力，总是大小相等，方向相反，沿同一直线，并分别作用在这两个物体上。②二力平衡公理：作用在同一物体上的两个力，使物体平衡的必要和充分条件是：这两个力大小相等，方向相反，且作用在同一直线上。③加减平衡力系公理：作用于刚体上的力可以沿其作用线移到刚体内的任意点，而不改变原力对刚体的作用效应。根据力的可传性原理，力对刚体的作用效应与力的作用点在作用线的位置无关。加减平衡力系公理和力的可传性原理都只适用于刚体。

（2）力偶

1）力偶的概念。把作用在同一物体上大小相等、方向相反但不共线的一对平行力组成的力系称为力偶，记为 (F, F')。力偶中两个力的作用线间的距离 d 称为力偶臂。两个力所在的平面称为力偶的作用面。

2）力偶矩。用力偶和力偶臂的乘积再加上适当的正负号所得的物理量称为力偶矩，记作 $M(F, F')$ 或 M，即

$$M(F, F') = \pm Fd$$

力偶矩正负号的规定：力偶矩正负号表示力偶矩的转向，

其规定与力矩相同。即力偶矩使物体逆时针转动则力偶矩为正，反之，为负。力偶矩的单位与力矩的单位相同。力偶矩的三要素：力偶矩的大小、转向和力偶的作用面的方位。

3）力偶的性质。力偶的性质包括：①力偶无合力，不能与一个力平衡或等效，力偶只能用力偶来平衡。力偶在任意轴上的投影对于零。②力偶对于其平面内任意点之矩，恒等于其力偶矩，而与矩心的位置无关。凡是三要素相同的力偶，彼此相同，可以互相代替。力偶对物体的作用效应是转动。

（3）力偶系

1）力偶系的概念。作用在同一物体上的力偶组成一个力偶系，若力偶系的各力偶均作用在同一平面，则称为平面力偶系。

2）力偶系的合成。平面力偶系合成的结果为一合力偶，其合力偶矩等于各分力偶矩的代数和。即：

$$M=M_1+M_2+...M_n=\sum M_i$$

（4）力矩

1）力矩的概念。将力 F 与转动中心点到力 F 作用线的垂直距离的乘积 Fd 并加上表示转动方向的正负号称为力 F 对 O 点的力矩，用 $M_o(F)$ 表示，即

$$M_o(F)=\pm Fd$$

正负号的规定与力偶矩的规定相同。

2）合力矩定理

合力对平面内任意一点之矩，等于所有分力对同一点之矩的代数和。即

$$F=F_1+F_2+...F_n$$

则

$$M_0(F)=M_0(F_1)+M_0(F_2)+...+M_0(F_n)$$

2. 平面力系的平衡方程有哪几个？

答：（1）力系的概念

凡各力的作用线都在同一平面内的力系称为平面力系。在平面力系中各力的作用线均汇交于一点的力系，称为平面汇交力系；各力作用线互相平行的力系，称为平面平行力系；各力的作用线既不完全平行，也不完全汇交的力系称为平面一般力系。

（2）力在坐标轴上的投影

力在两个坐标轴上的投影、力的值、力与 x 轴的夹角分别如下各式所示：

$$F_x = F\cos\alpha$$

$$F_y = F\sin\alpha$$

$$F = \sqrt{F_x^2 + F_y^2}$$

$$\alpha = \arctan\left|\frac{F_y}{F_x}\right|$$

（3）平面汇交力系的平衡方程

平面一般力系的平衡条件：平面一般力系中各力在两个任选的直角坐标系上的投影代数和分别等于零，各力对任一点之矩的代数和也等于零。用数学公式表达为：

$$\sum F_x = 0$$

$$\sum F_y = 0$$

$$\sum M_0(F) = 0$$

此外，平面一般力系平衡方程还可以表示为二矩式和三力矩式。它们各自平衡的方程组分别如下：

二矩式：

$$\sum F_x = 0$$

$$\sum M_A(F) = 0$$

$$\sum M_B(F) = 0$$

三力矩式：

$$\sum M_A(F) = 0$$

$$\sum M_B(F) = 0$$

$$\sum M_C(F) = 0$$

（4）平面力偶系

在物体的某一平面内同时作用有两个或两个以上的力偶时，这群力偶就称为平面力偶系。由于力偶在坐标轴上的投影恒等于零，因此，平面力偶系的平衡条件为：平面力偶系中各力偶的代数和等于零。即

$$\Sigma M = 0$$

3. 单跨静定梁的内力计算方法和步骤各有哪些？

答：静定结构在几何特性上是无多余联系的几何不变体系，在静力特征上仅由静力平衡条件可求全部反力、内力。

（1）单跨静定梁的受力

静定结构只在荷载作用下才产生反力、内力；反力和内力只与结构的尺寸、几何形状等有关，而与构件截面尺寸、形状、材料无关，且支座沉陷、温度变化、制造误差等均不会产生内力，只产生位移。

1）单跨静定梁的形式

以轴线变弯为主要特征的变形形式称为弯曲变形或简称弯曲。以弯曲为主要变形的杆件称为梁。单跨静定梁包括单跨简支梁、伸臂梁（一端伸臂或两端伸臂）和悬臂梁。

2）静定梁的受力

静定梁在上部荷载作用下通常受到弯矩、剪力和支座反力的作用，对于悬臂梁支座根部为了平衡固端弯矩就需要竖直方向的支反力和水平方向的轴向力。一般梁纵向轴力对梁受力的影响不大，讨论时不予考虑。

①弯矩。截面上应力对截面形心的力矩之和，不规定正负号，弯矩图画在杆件受拉一侧，不注符号。

②剪力。剪力截面上应力沿杆轴法线方向的合力，使杆微段有顺时针方向转动趋势的为正，画剪力图要注明正负号；由力的性质可知：在刚体内，力沿其作用线滑移，其作用效应不改变。如果将力的作用线平行移动到另一位置，其

作用效应将发生变化，其原因是力的转动效应与力的位置有直接的关系。

（2）用截面法计算单跨静定梁

计算单跨静定梁常用截面法，其具体步骤如下：

1）根据力和力矩平衡关系求出梁端支座反力。

2）截取隔离体。从梁的左端支座开始取距支座为 x 长度的任意截面，假想将梁切开，并取左端为分离体。

3）根据分离体截面的竖向力平衡的思路求出截面剪力表达式（也称为剪力方程），将任一点的水平坐标代入剪力平衡方程就可得到该截面的剪力。

4）根据分离体截面的弯矩平衡的思路求出截面弯矩表达式（也称为弯矩方程），将任一点的水平坐标代入剪力平衡方程就可得到该截面的弯矩。

5）根据剪力方程和弯矩方程可以任意地绘制出梁剪力图和梁的弯矩图，以直观观察梁截面的内力分配。

4. 多跨静定梁的内力分析方法和步骤各有哪些？

答：多跨静定梁是指由若干根梁用铰相连，并用若干支座与基础相连而组成的静定结构。多跨静定梁的受力分析应遵循先附属部分、后基本部分的分析顺序。分析时先计算全部反力，（包括基本部分反力及连接基本部分与附属部分的铰接处的约束反力），作出层叠图；然后将多跨静定梁拆成几个单跨梁，按先附属部分后基本部分的顺序绘内力图。

5. 静定平面桁架的内力分析方法和步骤各有哪些？

答：静定平面桁架的功能和横跨的大梁相似，只是为了提供房屋建筑更大的跨度。其构成上与梁不同，内力计算也就不同。它的内力分析步骤如下：

1）根据静力平衡条件求出支座反力。

2）从左向右、从上而下对桁架各节点编号。

3）从左端支座右侧的第一节间开始，用截面法将上下弦第一节间截开，按该截面各杆件到支座中心弯矩平衡求出各杆件的轴向内力。

4）依次类推，将第二节间和第三节间截开，根据被截截面各杆件弯矩和剪力平衡的思路，求出相应节间内各杆件的轴力。

6. 杆件变形的基本形式有哪些？

答：杆件变形的基本形式有拉伸和压缩、弯曲和剪切、扭曲等。

拉伸或压缩是杆件在沿纵向轴线方向受到轴向拉力或压力后长度方向的伸长或缩短。在弹性限度内产生的伸长或缩短是与外力的大小成正比例的。

弯曲变形是杆件截面受到集中力偶或沿梁横截面方向外力作用后引起的弯曲变形。杆件的变形是曲线形式。

剪切变形是指杆件在沿横向一对力相向作用下截面受剪后产生的截面错位的变形。

扭转是指杆件受到扭矩作用后截面绕纵向形心轴产生扭转变形。

7. 什么是应力？什么是应变？在工程中怎样控制构件的应力和应变不超过相关结构规范的规定？

答：应力是指构件在外荷载作用下，截面上单位面积内所产生的力。应变是指构件在外力作用下单位长度内的变形值。

在工程设计中应根据相应的结构进行准确的荷载计算、内力分析，根据相关设计规范的规定进行必要的强度验算、变形验算，使杆件的内力值和变形值不超过实际规范的规定，以满足设计要求。

8. 什么是杆件的强度？在工程中怎样应用？

答：强度是指杆件在特定受力状态下到达破坏状态时截面

能够承受的最大应力。也可以简单理解为，强度就是杆件在外力作用下抵抗破坏的能力。对杆件来说，就是结构构件在规定的荷载作用下，保证不因材料强度发生破坏的要求，称为强度要求。

在进行工程设计时，针对每个不同构件，应在明确受力性质和准确内力计算基础上，根据工程设计规范的规定，通过相应的强度计算，使杆件所受到的内力不超过其强度值来保证。

9. 什么是杆件刚度和压杆稳定性？在工程中怎样应用？

答：杆件的刚度是指杆件在弹性限度范围内抵抗变形的能力。在同样荷载或内力作用下，变形小的杆件其刚度就大。为了保证杆件变形不超过规范规定的最大变形值，就需要通过改变和控制杆件的刚度来满足。换句话说，刚度概念的工程应用就是用来控制杆件的变形值。

对于梁和板，其截面刚度越大，它在上部荷载作用下产生的弯曲变形就越小，反映在变形上就是挠度小。对于一个受压构件，它的截面刚度大，它在竖向力作用下的侧移的发生和增长速度就慢，到达承载力极限时的临界荷载就大，稳定性就高。

稳定性是指构件保持原有平衡状态的能力。压杆通常是长细比比较大，承受轴向的轴心力或偏心力作用，由于杆件细长，在竖向力作用下，它自身保持原有平衡状态的能力就比较低，并且越是细长其稳定性越差。

细长压杆的稳定承载力和临界应力可以根据欧拉临界承载力公式和临界应力公式计算确定。

工程设计中要保证受压构件不发生失稳破坏，就必须按照力学原理分析杆件受力，严格按照设计规范的规定，进行验算和设计。

第二节　建筑构造、建筑结构的基本知识

1. 民用建筑由哪些部分组成？它们的作用和应具备的性能有哪些？

答：一幢工业或民用建筑一般都是由基础、墙或柱、楼地层、楼梯、屋顶和门窗六大部分组成，如图2-1所示。各部分的作用如下。

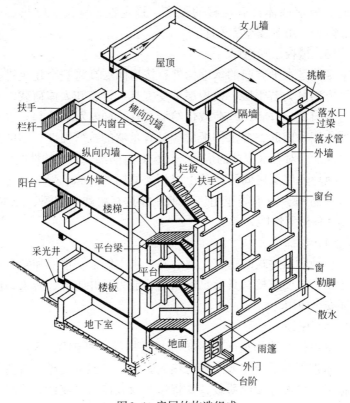

图2-1　房屋的构造组成

（1）基础

它是建筑物最下部的承重构件，其作用是承受建筑物的全

部荷载，并将这些荷载传给地基。因此，基础必须具有足够的强度，并能抵御地下各种有害因素的侵蚀。

（2）墙（或柱）

它是建筑物的承重构件和围护构件。作为承重构件的外墙也是抵御自然界各种因素对室内的侵袭；内墙主要起分隔作用及保证舒适环境的作用。框架和排架结构的建筑中，柱起承重作用，墙不仅起围护作用，同时在地震发生后作为抗震第二道防线可以协助框架和排架柱抵抗水平地震作用对房屋的影响。因此，要求墙体具有足够的强度、稳定性、保温、隔热、防水、防火、耐久及经济等性能。

（3）楼板层和地坪

楼板是水平方向的承重构件，按房间层高将整个建筑物沿水平方向分为若干层；楼板层承受家具、设备和人体荷载以及本身的自重，并将这些荷载传给墙和柱；同时对墙体起着水平支撑作用。因此，要求楼板层应具有足够的抗弯强度、刚度和隔声性能，对有水侵蚀的房间，还应具有防潮、防水的性能。

地坪是底层房间与地基土层相连的构件，起承受底部房间荷载和防潮、防水等作用。要求地坪具有耐磨、防潮、防水、防尘和保温等性能。

（4）楼梯

它是房屋建筑的垂直交通设施，供人们上下楼层和紧急疏散之用，故要求楼梯具有足够的通行能力，并防滑、防火，能保证安全使用。

（5）屋顶

屋顶是建筑物顶部的围护和承重构件。抵御风、雨、雪、霜、冰雹等的侵袭和太阳辐射热的影响；又能承受风、雪荷载及施工、检修等屋面荷载，并将这些荷载传给墙或柱。故屋顶应具有足够的强度、刚度以及防水、保温、隔热等性能。

（6）门与窗

门与窗均属非承重构件，也称为配件。门主要是供人们出入房间承担室内外交通联系和分隔房间之用；窗除满足通风、采光、日照、造型等功能要求外，处于外墙上的门窗又是围护构件的一部分，要具有隔热、得热或散热的作用，某些特殊要求的房间，门窗应具有隔声、防火性能。

建筑物除以上六大组成部分外，对于不同功能的建筑物还可能有阳台、雨篷、台阶、排烟道等。

2. 砖基础、毛石基础、混凝土基础、钢筋混凝土独立基础、桩基础的组成特点各是什么？

答：（1）砖基础、毛石基础、混凝土基础

它们均属于刚性基础，它们的共同点是：由刚性材料制作而成，刚性材料的特点是抗压强度高，而抗拉、抗剪强度较低。除以上几种刚性材料外，作为基础用刚性材料还包括灰土、三合土等。为了便于扩散上部荷载满足地基允许承载力的要求，基底宽度一般大于上部墙宽，当基础很宽时，从墙边算起的出挑宽度就很大，由于刚性材料的抗弯、抗剪性能差，基础有可能因弯曲或剪切而破坏。为了防止基础受剪或受弯破坏，基础就必须具有足够高度。通常刚性材料的受力特性，基础传力时只能在材料允许的范围内加以控制，这个开支范围的交角称为刚性角。砖石基础的刚性角控制在（1：1.25）～（1：1.5）（26°～33°）以内。混凝土基础刚性角控制在1：1（45°）以内。

（2）钢筋混凝土基础

它属于非刚性基础，它是在混凝土基础的底板内双向配置钢筋，依靠钢筋混凝土较大的受力性能满足受弯、受剪的性能要求。在基础高度相同的前提下它比混凝土基础要宽，底面面积要大许多，容易满足地基承载力的要求。有时将这种基础也俗称为柔性基础。

（3）桩基础

它通常有桩尖、桩身和基础梁等部分组成，桩身可以由素混凝土和上段的钢筋混凝土构成，也可以是桩身全高配置钢筋笼的钢筋混凝土桩基础。它的施工在于选择合适的类型和成孔工艺。通常它用于埋深大于5m的深基础，它在地层内穿越深度大，端承桩的桩尖可以到达持力层，摩擦桩也需要足够的深度依靠桩身周围的摩擦阻力平衡上部传来的荷载。桩基础的特点是埋深大，施工难度大，不可预知的地层状况多发，造价相对较高，但其受力性能好，对上部结构受力满足的程度高，尤其适用于持力层埋深较大的情况。

3. 常见砌块墙体的构造有哪些内容？地下室的防潮与防水构造与做法各有哪些内容？

答：砌块尺寸较大垂直缝砂浆不宜灌实，砌块之间粘结较差，因此砌筑时需要采取加固措施，以提高房屋的整体性。砌块建筑的构造要点如下：

（1）砌块建筑每层楼应加设圈梁，用以加强砌块的整体性

圈梁通常与过梁统一考虑，有现浇和预制圈梁两种做法。现浇圈梁整体性强，对加固墙身有利，但施工麻烦。为了减少现场支模的工序，可采用U形预制件，在槽内配置现浇钢筋混凝土形成圈梁。

（2）砌块墙的拼缝做法

砌块墙的拼缝有平缝、凹槽缝和高低缝。平缝制作简单，多用于水平缝；凹槽缝灌浆方便，多用于垂直缝，也可用于水平缝。缝宽视砌块尺寸而定，砂浆强度等级不低于M15。

（3）砌块墙的通缝处理

当上下皮砌块出现通缝或错缝距离不足150mm时，应在水平缝处加双向直径4mm的钢筋织成的网片，使上下皮砌块被拉结成整体。

（4）砌块墙芯柱

采用混凝土空心砌块砌筑时，应在房屋的四大角、外墙转角、楼梯间四角设芯柱，芯柱内配置从基础到屋顶的两根直径

12mm 的 HPB300 级钢筋，细石混凝土强度等级一般为 C15 将其填入砌块孔中。

（5）砌块墙外墙面

砌块墙的外墙面宜做饰面，也可采用带饰面的砌块，以提高砌块墙的防渗水能力和改善墙体的热工性能。

4. 现浇钢筋混凝土楼板、装配式楼板各有哪些特点和用途？

答：（1）现浇钢筋混凝土楼板

现浇钢筋混凝土楼板是在施工现场支模、绑扎钢筋、浇筑混凝土而成的楼板。它的特点是整体性好，在地震设防烈度高的地区具有明显的优势。对有管道穿过的房间、平面形状不规整的房间、尺寸不符合模数要求的房间和防水要求较高的房间都适合现浇钢筋混凝土楼板。现浇钢筋混凝土楼板可用在平板式楼盖、单向板肋梁楼盖、双向板楼盖、井字梁楼盖和无梁楼盖中。

（2）装配式楼板

装配式楼板是指在混凝土构件预制加工厂或施工现场外预先制作，然后运到工地现场安装的钢筋混凝土楼板。预制板的长度一般与房屋的开间或进深一致，板的宽度根据制作、吊装和运输条件以及有利于板的排列组合确定。板的截面尺寸须经结构计算确定。装配式预制楼板用于工程，具有施工速度快、质量稳定等特点，但是楼盖的整体性差，造价不比现浇楼板低，抗震性能差，在高烈度地区的多层房屋建筑和使用人数较多的学校、医院等公共建筑中不能使用。

5. 地下室的防潮与防水构造做法各是什么？

答：（1）地下室的防潮构造

当地下水的常年水位和最高水位均在地下水地坪标高以下时，须在地下室外墙外面设垂直防潮层。其做法是：在墙体外

99

表面先抹一层1：2.5的水泥砂浆找平层，再涂一道冷底子油和两道热沥青；然后在外面回填低渗水土壤，如黏土、灰土等，并逐层夯实，土层宽度为500mm左右，以防地面雨水或其他表面水的影响。另外，地下室的所有墙体都应设两道水平防潮层，一道设在地下室地坪附近，另一道设在室外地坪以上150~200mm处，使整个地下室防潮层连成整体，以防地潮沿地下墙身或勒脚处进入室内，具体构造如图2-2所示。

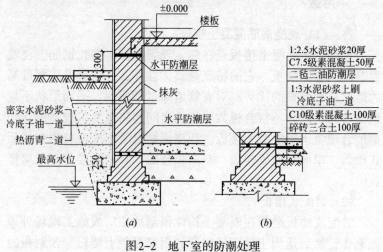

图2-2　地下室的防潮处理

(a) 墙身防潮；(b) 地坪防潮

（2）地下室防水构造

当设计最高水位高于地下室地坪时，地下室的外墙和底板都浸泡在水中，应对地下室进行防水处理。其常用方法有以下三种：

1）沥青卷材防水

选用这种防水施工方案时，防水卷材的层数应按地下水的最大水头选用。最大水头小于3m，卷材为3层，水头在3~6m，卷材为4层，水头在6~12m，卷材为5层，水头大于12m，卷材为6层。

①外防水。外防水是将防水层贴在地下室外墙的外表面，这对防水有利，但维修困难。它的构造要点是：先在墙外侧抹1：3的水泥砂浆找平层，并刷冷底子油一道，然后选定油毡数层，分层粘贴防水卷材，防水层须高出地下水位500～1000mm为宜。油毡防水层以上的地下室侧墙应抹水泥砂浆涂两道热沥青，直至室外散水处。垂直防水层外侧砌半砖厚的保护墙一道。具体构造做法如图2-3（a）所示。

②内防水。内防水是将防水层贴在地下室外墙的内表面，这样施工方便，容易维修，但对防水不利，故常用于修缮工程。

地下室地坪的防水构造是先浇约100mm厚的混凝土垫层，再以选定的油毡层数在地坪垫层上做防水层，并在防水层上抹20～30mm厚的水泥砂浆保护层，以便于上面浇筑钢筋混凝土。具体构造做法如图2-3（c）所示。

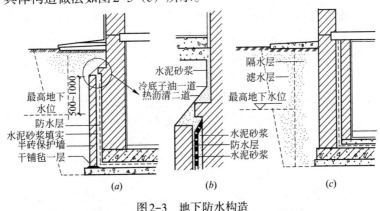

图2-3　地下防水构造

（a）外防水；（b）墙身防水层收头处理；（c）内防水

2）防水混凝土防水

当地下室地坪和墙体均为钢筋混凝土时，应采用抗渗性能好的混凝土材料，常用的防水混凝土有普通混凝土和外加剂混凝土。普通混凝土主要是采用不同粒径的骨料进行级配，并提高混凝土中水泥砂浆的含量，使砂浆充满于骨料之间，从而填满因骨料间不密实而出现的渗水通路，以达到防水的目的。外加剂混凝土是在混凝土中掺入加气剂或密实剂,以提高混凝土的抗渗能力。

3)弹性材料防水

随着新型高分子防水材料的不断涌现,地下室的防水构造也在不断更新,如我国现阶段使用的三元乙丙橡胶卷材,能充分适应防水基层的伸缩及开裂变形,拉伸强度高,拉断延伸率大,能承受一定的冲击荷载,是耐久性很好的弹性卷材;又如聚氨酯涂膜防水材料,有利于形成完整的防水涂层,对建筑内有管道、转折和高差等特殊部位的防水处理极为有利。

6. 坡道及台阶的一般构造各有哪些主要内容?

答:(1)坡道构造

坡道材料常见的有混凝土或石块等,面层以水泥砂浆居多,对经常处于潮湿、坡度较陡或采用水磨石作面层的,其表面必须作防滑处理,其构造见图2-4所示。

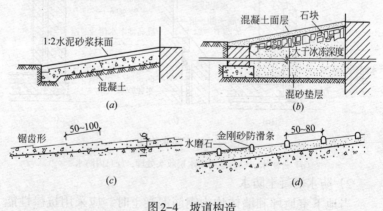

图2-4 坡道构造

(2)室外台阶的构造

室外台阶的平台与室内地坪有一定的高差,一般为40~50mm,而且表面向外倾斜,以免雨水流入室内。台阶构造与地坪构造相似，由面层和结构层组成，结构层材料应采用抗冻、抗水性能好且质地坚实的材料，常见的台阶基础有就地砌造、勒脚挑出、桥式三种。台阶踏步有砖砌踏步、混凝土踏步、钢筋混凝土踏步、石踏步四种。高度在1m以上的台阶需考虑设置栏杆或栏板。

7. 平屋顶的保温与坡屋顶的隔热是怎样的？

答：（1）平屋顶的保温

在寒冷地区或有空调设备的建筑中，屋顶应作保温处理，以减少室内热损失，保证房屋的正常使用并降低能源消耗。保温构造处理的方法通常是在屋顶中增设保温层。油毡平屋顶保温构造做法如图2-5所示。

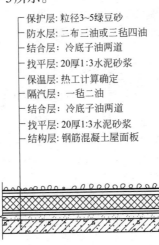

保护层：粒径3~5绿豆砂
防水层：二布三油或三毡四油
结合层：冷底子油两道
找平层：20厚1:3水泥砂浆
保温层：热工计算确定
隔汽层：一毡二油
结合层：冷底子油两道
找平层：20厚1:3水泥砂浆
结构层：钢筋混凝土屋面板

图2-5 油毡平屋顶保温构造做法

（2）坡屋顶的隔热

在气候炎热地区，夏季太阳辐射热使屋顶温度剧烈升高，为了减少传进室内的热量和降低室内的温度，屋顶应该采取隔热降温措施。屋顶隔热通常包括通风隔热屋面、蓄水隔热屋面、种植隔热屋面以及反射隔热屋面等。

通风隔热屋面。它通常包括架空隔热屋面（如图2-6所示）和顶棚通风隔热屋面（如图2-7所示）。

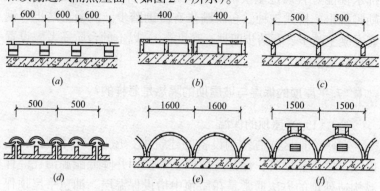

图2-6 屋面架空隔热构造

（a）架空预制板（或大阶砖）；（b）架空混凝土山形板；（c）架空钢丝网水泥折板；
（d）倒槽板上铺小青瓦；（e）钢筋混凝土半圆拱；（f）1/4厚砖拱

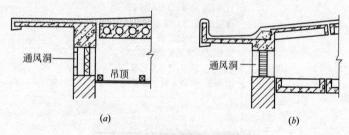

图2-7 顶棚通风隔热构造

（a）吊顶通风层；（b）双槽板通风层

由于蓄水隔热屋面、种植隔热屋面及反射隔热屋面使用较少，此处从略。

8. 平屋顶防水一般构造有哪几种？

答：平屋顶防水按屋面防水层的不同分为刚性防水、卷材防水、涂料防水及粉剂防水等。

（1）卷材防水屋面

卷材防水屋面是指以防水卷材和胶粘剂分层粘贴而构成防水层的屋面。卷材防水屋面所用的卷材包括沥青类卷材、高分子卷材、高聚物类改性沥青卷材等。卷材防水的基本构造如图2-8所示。常用的油毡沥青卷材如图2-9所示。不上人卷材防水屋面如图2-10所示；上人卷材防水屋面如图2-11所示。卷材防水屋面泛水构造如图2-12所示。

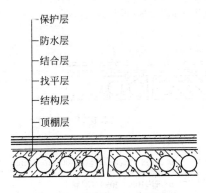

图2-8　卷材防水的基本构造

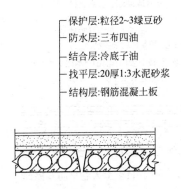

图2-9　常用的油毡沥青卷材

保护层: a. 粒径3~5mm绿豆砂(普通油毡)
　　　　b. 粒径1.5~2mm石粒或砂粒(SBS油毡自带)
　　　　c. 氯丁银粉胶、乙丙橡胶的甲苯溶液加铝粉
防水层: a. 普通沥青油毡卷材(三毡四油)
　　　　b. 高聚物改性沥青防水卷材(如SBS改性沥青卷材)
　　　　c. 合成高分子防水卷材
结合层: a. 冷底子油
　　　　b. 配套基层及卷材胶粘剂
找平层: 20厚1:3水泥砂浆
找坡层: 按需要而设(如1:8水泥炉渣)
结构层: 钢筋混凝土板

图2-10　不上人卷材防水屋面

　　　　a. 20厚1:3水泥砂浆粘贴400mm×400mm×30mm
　　　　　预制混凝土块
保护层: b. 现浇10厚C20细石混凝土
　　　　c. 缸砖(2~5厚玛碲脂结合层)
　　　　a. 普通沥青油毡卷材(三毡四油)
防水层: b. 高聚物改性沥青防水卷材(如SBS改性沥青卷材)
　　　　c. 合成高分子防水卷材
结合层: a. 冷底子油
　　　　b. 配套基层及卷材胶粘剂
找平层: 20厚1:3水泥砂浆
找坡层: 按需要而设(如1:8水泥炉渣)
结构层: 钢筋混凝土板

图2-11　上人卷材防水屋面

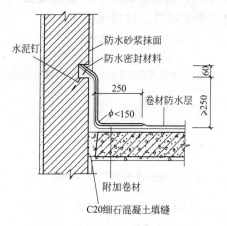

图2-12　卷材防水屋面泛水构造

（2）刚性防水屋面

刚性防水屋面是指以刚性材料作为防水层（如防水砂浆、细石混凝土、配筋细石混凝土等）的屋面。常用的混凝土刚性防水层屋面做法如图2-13所示。

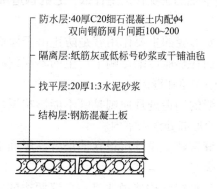

图2-13　混凝土刚性防水层屋面做法

（3）涂膜防水屋面

涂膜防水屋面也叫做涂料防水屋面，它是指用可塑性和粘结力较强的高分子防水涂料直接涂刷在屋面基层上形成一层不透水的薄膜层以达到防水目的的一种屋面做法。涂膜防水屋面构造层次及常用做法如图2-14所示。

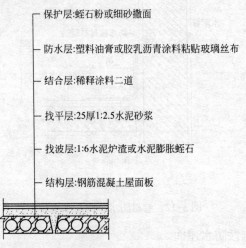

保护层:蛭石粉或细砂撒面

防水层:塑料油膏或胶乳沥青涂料粘贴玻璃丝布

结合层:稀释涂料二道

找平层:25厚1:2.5水泥砂浆

找波层:1:6水泥炉渣或水泥膨胀蛭石

结构层:钢筋混凝土屋面板

图2-14　涂膜防水屋面构造层次及常用做法

9. 屋面变形缝的主要作用是什么？它的构造做法是什么？

答：屋面变形缝的主要作用就是防止由于屋面过长和屋面形状过于复杂而在热胀冷缩影响下产生的不规则破坏。将可能发生的变形集中和留在缝内。

屋面变形缝的构造处理原则是既不能影响屋面的变形，又要防止雨水从变形缝处渗入室内。

屋面变形缝按建筑设计可设在同层等高屋面上，也可设在高低屋面的交接处。

等高屋面变形缝的构造做法是：在缝两边的屋面上砌筑矮墙，以挡住屋面雨水。矮墙的高度不小于250mm，半砖厚。屋面卷材防水层与矮墙的连接处理类同于泛水构造，缝内嵌填沥青麻丝。矮墙顶部用镀锌铁皮盖缝，也可铺一层卷材后用混凝土盖板压顶，如图2-15所示。

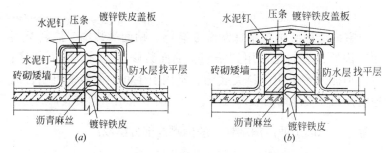

图2-15　等高屋面变形缝

高低屋面变形缝的构造做法是：在低侧屋面板上砌筑矮墙，当变形缝宽度较小时，可用镀锌铁皮盖缝并固定在高侧墙上，做法同泛水构造；也可从高侧墙上悬挑钢筋混凝土盖板，如图2-16所示。

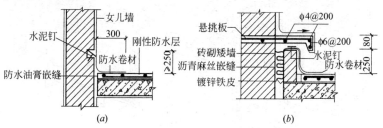

图2-16　高低屋面变形缝

（a）女儿墙泛水；（b）高低屋面变形缝泛水

10. 民用建筑的一般装饰包括哪些方面的内容？

答：民用建筑的装饰包括室内装饰和室外装饰两大类。室内装饰包括墙面装饰、地面装饰和顶棚装饰等组成部分；室外装饰主要是指外墙面的装饰。

（1）室外墙面装饰

室外墙面装饰通常包括清水墙、抹灰墙面装饰、贴面类装饰、涂料类墙面装饰等。此外，近年来也兴起了复合保温砌块表面兼顾墙面装饰功能的做法。

（2）室内墙面装饰

室内墙面装饰包括抹灰墙面装饰、贴面类装饰、涂料类墙面装饰等，有时也可用到裱糊类墙面装修、板材类墙面装修；室内顶棚通常采用涂料类装饰；室内卫生间地面装饰可用普通地面和贴面类地面的装饰方法，其墙面多采用贴面类装饰。

11. 单层工业厂房结构一般由哪些部分组成？

答：单层工业厂房的结构体系主要由屋盖结构、柱和基础三大部分组成。单层工业厂房的结构组成如图2-17所示。

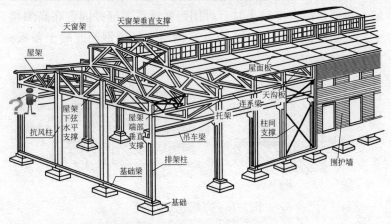

图2-17　单层工业厂房结构组成

12. 钢筋混凝土受弯、受压和受扭构件的受力特点、配筋各是怎样的？

答：（1）钢筋混凝土受弯构件的受力特点与配筋

钢筋混凝土受弯构件是指支撑与房屋结构竖向承重构件柱、墙上的梁和以梁或墙为支座的板类构件。它在上部荷载作用下各截面承受弯矩和剪力的作用，发生弯曲和剪切变形，承受主拉应力影响，简支梁的梁板跨中、连续梁的支座和跨间承受最大弯矩作用，梁的支座两侧承受最大剪力作用。

板内配筋主要有根据弯矩最大截面计算所配置的受力钢筋和为了固定受力钢筋在其内侧垂直方向所配置的分布钢筋；其次，在板角和沿墙板的上表面配置的构造钢筋，在连续支座上部配置的抵抗支座边缘负弯矩的弯起式钢筋或分离式钢筋等。

梁内钢筋通常包括纵向受力钢筋、箍筋、架立筋等；在梁的腹板高度大于450mm时梁中部箍筋内侧沿高度方向对称配置的构造钢筋和拉结筋等。

（2）钢筋混凝土受压构件的受力特点与配筋

钢筋混凝土受压构件是指房屋结构中以柱、屋架中受压腹杆和弦杆等为代表的承受轴向压力为主的构件。根据轴向力是否沿构件纵向形心轴作用可分为轴心受压构件和偏心受压构件。

受压构件中的钢筋主要包括纵向受力钢筋、箍筋两类。

（3）钢筋混凝土受扭构件的受力特点与配筋

钢筋混凝土受扭构件是指构件截面除受到其他内力影响还同时受到扭矩影响的构件。如框架边梁在跨中垂直梁纵向的梁端弯矩影响下受扭，雨篷梁、阳台梁、悬挑阳台梁、折线梁等都是受扭构件。

受扭构件通常会同时受到弯矩和剪力的作用，它的钢筋包括了纵向钢筋和箍筋两类。受扭构件的纵向钢筋是由受弯纵筋和受扭纵筋配筋值合起来通盘考虑配置的，其中截面受拉区和受压区的配筋是两部分之和，中部对称配置的是受扭钢筋。箍筋也是受剪箍筋和受扭箍筋二者之和配置的结果。

13. 现浇钢筋混凝土肋形楼盖由哪几部分组成？各自的受力特性是什么？

答：现浇钢筋混凝土肋形楼盖由板、次梁和主梁三部分组成。

现浇钢筋混凝土肋形楼盖中的板的主要受力边与次梁上部

相连，非主要受力边与主梁上部相连，它以次梁为支座并向其传递楼面荷载和自重等产生的线荷载，一般是单向受力板。

现浇钢筋混凝土肋形楼盖中次梁通常与主梁垂直相交，以主梁和两端墙体为支座，并向其支座传递集中荷载。主梁承受包括自重等在内的全部楼盖的荷载，并将其以集中荷载的形式传了它自身支座柱和两端的墙。现浇钢筋混凝土肋形楼盖荷载的传递线路为板→次梁→主梁→柱（或墙）。板主要承受跨内和支座上部的弯矩作用；次梁和主梁除承受跨间和支座截面的弯矩作用外，还要承受支座截面剪力的作用。主次梁交接处主梁还要承受次梁传来的集中竖向荷载产生的局部压力形成的主拉应力引起的高度在次梁下部的"八"字形裂缝。

14. 钢筋混凝土框架结构按制作工艺分为哪几类？各自的特点和施工工序是什么？

答：钢筋混凝土框架结构按施工工艺不同分为全现浇框架、半现浇框架、装配整体式框架和全装配式框架四类。

（1）全现浇框架

全现浇框架是指作为框架结构的板、梁和柱整体浇注成为整体的框架结构。它的特点是整体性好、抗震性能好，建筑平面布置灵活，能比较好地满足使用功能要求；但由于施工工序多，质量难以控制，工期长，需要的模板量大，建筑成本高，在北方地区冬期施工成本高、质量较难控制。它的主要工序是绑扎柱内钢筋、经检验合格后支柱模板；支楼面梁和板的模板、绑扎楼面梁和板的钢筋，经检验合格后浇筑柱、梁、板的混凝土，并养护；逐层类推完成主体框架施工。

（2）半现浇框架

半现浇框架是柱预制、承重梁和连续梁现浇、板预制，或柱和承重梁现浇，板和联系梁预制，组装成型的框架结构。它的特点是：节点构造简单、整体性好；比全现浇框架结构节约模板，比装配式框架节约水泥，经济性能较好。它的主要施工工序是：先绑扎柱钢筋、经检验合格后支模；接着绑扎框架承重梁和联系梁的钢筋，经检验和合格后支模板，然后浇筑混凝土；等现浇梁柱混凝土达到设计规定的值后，铺设预应力混凝土预制板，并按构造要求灌缝，做好细部处理工作。

（3）装配整体式框架

它是指在装配式框架或半现浇框架的基础上，为了提高原框架的整体性，对楼屋面采用后浇叠合层，使之形成整体，以达到楼盖整体性的框架结构形式。它的特点是具有装配式框架施工进度快和现浇框架整体性好的双重优点，在地震低烈度区应用较为广泛。它的主要施工工序是：在现场吊装梁、柱，浇筑节点混凝土形成框架，或现场现浇混凝土框架梁、柱，在混凝土达到设计规定的强度值后，开始铺设预应力混凝土空心板，然后在楼屋面浇筑后浇钢筋混凝土整体面层。

（4）装配式框架

它是指框架结构中的梁、板、柱均为预制构件，通过施工现场组装所形成的拼装框架结构。它的主要特点是：构件设计定型化、生产标准化、施工机械化程度高，与全现浇框架相比节约模板、施工进度快、节约劳动力、成本相对较低。但整体性差、接头多，预埋件多、焊接节点多，耗钢量大，层数多、高度大的结构吊装难度和费用都会增加，由于其整体性差的缺点在大多数情况下已不再使用。它的主要工序包括现场吊装框架柱和梁、并就位、支撑、焊接梁和柱连接节点处的钢筋，后浇节点混凝土形成拼装框架结构。

15. 砌体结构的特点是什么？怎样改善砌体结构的抗震性能？

答：砌体结构是块材和砂浆砌筑的墙、柱作为建筑物主要受力构件的结构，是砖砌体、砌块砌体和石砌体结构的统称。砌体材料包括块材和砂浆两部分，块材和硬化后的砂浆所形成的灰缝均为脆性材料，抗压强度较高，抗拉强度较低。黏土砖是砌体结构中的主要块材，生产工艺简单，砌筑时便于操作，强度较高，价格较低廉，所以使用量很大。但是由于生产黏土砖消耗黏土的量大，毁坏农田，与农业争地的矛盾突出，焙烧时造成的大气污染等对国家可持续发展构成负面影响，除在广大农村和城镇使用以外，大中城市已不允许建设隔热保温性能差的实心砖砌体房屋。空心砖相对于实心砖具有强度不降低、重量轻、制坯时消耗的黏土量少、可有效节约农田、节约烧制时的燃料、施工时劳动强度低和生产效率高、在墙体中使用隔热保温性能良好等特点，所以，它可作为实心黏土砖的最好的替代品。水泥砂浆是其他结构的主要用料。水泥和砖各地都有生产，所以砌体材料便于就地取材，砌体结构价格低廉。但砌体结构所用材料是脆性的，所以结构整体延性差，抗震能力不足。

通过限制不同烈度区房屋总高和层数的做法减少震害，通过对结构体系的改进和淘汰减少震害，通过对材料强度限定确保结构受力性能，通过采取设置圈梁、构造柱、配置墙体拉结钢筋、明确施工工艺、完善结构体系和对设计中各个具体和局部尺寸的限制等一系列方法和思路提高其抗震性能。

16. 什么是震级？什么是地震烈度？它们有什么联系和区别？

答：震级是一次地震释放能量大小的尺度，每次地震只有一个震级，世界上使用里克特震级来定义地震的强烈程度。震级越高地震造成的破坏作用越大，同一地区的烈度值就越高。

烈度是某地遭受一次特定地震后地表、地面建筑物和构筑物所遭受到影响和破坏的强烈程度。也就是某次地震所造成的影响大小的长度。特定的某次地震在不同震中距处造成的烈度可能不同，也可能在相同震中距处造成明显不同的烈度，这主要是震级与地质地貌条件有关，也与建筑物和构筑物自身的设计施工质量和房屋的综合抗震能力有关。即一次地震可能有好多个烈度。

震级和烈度是正向相关关系，震级越大，烈度就越高；但是每次地震只有一个震级，但可能在不同地区或在同一地区产生不同的烈度；震级是地震释放能量大小的判定尺度，而烈度则是地震在地表上所造成后果的严重性的判定尺度，二者有联系但不是同一个概念。

17. 什么是抗震设防？抗震设防的目标是什么？怎样才能实现抗震设防目标？

答：抗震设防是指在建筑物和结构物等设计和施工过程中，为了实现抗震减灾目标，所采取的一系列政策性、技术性、经济性措施和手段的通称。

抗震设防的目标是：

（1）当受遇低于本地区基本烈度的多遇地震影响时，一般不受损坏或不需修理可以继续使用。

（2）当受遇相当本地区基本烈度的地震影响时，可能损坏，经一般修理或不需修理仍可继续使用。

（3）当受遇高于本地区基本烈度预估的罕遇地震影响时，不致倒塌或危及生命的严重破坏。

概括起来就是俗称的"小震不坏、中震可修，大震不倒"，并且最终的落脚点是大震不倒。

要实现抗震设防目标必须从以下两个方面着手：（1）从设计入手，严格遵循国家抗震设计的有关规定、规程和规范的要求，从源头上设计出满足抗震要求的高质量合格的建筑作品。（2）施工阶段要严格质量把关和质量验收，切实执行设计文件和图纸的要求，从材料使用、工艺工序等环节着手严把质量关，切实实现设计意图，用完好高质量的施工保证抗震设防目标的实现。

第三节 施工测量的基本知识

1.怎样使用水准仪进行工程测量？

答：使用水准仪进行工程测量的步骤包括安置仪器、粗略整平、瞄准目标、精平、读数等几个步骤。

（1）安置仪器

三脚架应安置在距离两个测站点大致等距离的位置，保证架头大致平行。打开三脚架调整至高度适中，将架脚伸缩螺栓拧紧，并保证脚架与地面有稳固连接。从仪器箱中取出水准仪置于架头，用架头上的连接螺栓将仪器三脚架连接牢固。

（2）粗略整平

首先使物镜平行任意两个螺栓的连线；然后，两手同时向内和向外旋转调平螺栓，使气泡移至两个最先操作的调平螺栓连线中间；再用左手旋转顶部另外一只调平螺栓，使气泡居中。

（3）瞄准

首先将物镜对着明亮的背景，转动目镜调焦螺旋，调节至十字丝清楚。然后松开制动螺旋，利用粗瞄准器瞄准水准尺，拧紧水平制动螺旋。再调节物镜调焦螺旋，使水准尺分划清楚，调节水平微动螺旋，使十字丝的竖丝照准水准尺边缘或中央。

（4）精平

目视水准管气泡观察窗，同时调整微倾螺旋，使水准管气泡两端的影像重合，此时水准仪达到精平。（自动安平水准仪不需要此步操作）。

（5）读数

眼睛通过目镜读取十字丝中丝水准尺上的读数，直接读米、分米、厘米，估读毫米共四位。

2.怎样使用经纬仪进行工程测量？

答：经纬仪使用的步骤包括安置仪器、照准目标、读数等工作。

（1）经纬仪的安置

经纬仪的安置包括对中和整平两项工作。打开三脚架，调整好长度，使高度适中，将其安置在测站上，使架头大致水平，架顶中心大致对准站点中心标记。取出经纬仪放置在经纬仪三脚架头上，旋紧连接螺旋。然后开始对中和调平工作。

1）对中

对中分为垂球对中和光学对中，光学对中的精度高，目前主要采用光学对中。分为粗对中和精对中两个步骤。

① 粗对中。目视光学对准器，调节光学对准器目镜使照准圈和测站点目标清晰。双手紧握并移动三脚架使照准圈对准站点中心并保持三脚架稳定、架头基本水平。

② 精对准。旋转脚架螺旋使照准圈对准测站点的中心，光学对中的误差应小于1mm。

2）整平

整平分为粗平和精平两个步骤。

① 粗平。伸长或缩短三脚架腿，使圆水准气泡居中。

② 精平。旋转照准部使照准部管水准器的位置与操作的两只螺旋平行，并旋转两只螺旋使水准管气泡居中；然后旋转照准部90°使水准管与开始操作的两只螺旋呈垂直关系，旋转另外一只螺旋使气泡居中。如此反复，直至照准部旋转到任何位置，气泡均居中为止。

在完成上述工作后，在此进行精对中、精平。目视光学对准器，如照准圈偏离测站点的中心侧移量较小，则旋松连接螺旋，在架顶上平移仪器，使照准圈对准测站点中心，旋紧连接螺旋。精平仪器，直至照准部旋转至任何位置，气泡居中为止；如偏移量过大则应重新对中、整平仪器。

（2）照准

首先调节目镜，使十字丝清晰，通过瞄准器瞄准目标，然后拧紧制动螺旋，调节物镜调节螺旋使目标清楚并消除视差，利用微动螺旋精确照准目标的底部。

（3）读数

先打开度盘照明反光镜，调整反光镜，使读数窗亮度适中，旋转读数显微镜的目镜使度盘影像清楚，然后读数。DJ2级光学经纬仪读数方式为首先转动测微轮，使读数窗中的主、副像划线重合，然后在读数窗中读出数值。

3. 怎样使用全站仪进行工程测量？

答：用全站仪进行建筑工程测量的操作步骤包括测前的准备工作、安装仪器、开机、角度测量、距离测量和放样。

（1）测前的准备工作

安装电池，检查电池的容量，确定电池电量充足。

（2）安置仪器

全站仪安置步骤如下：

1）安放三脚架，调整长度至高度适中，固定全站仪到三脚架上，架设仪器使测点在视场内，完成仪器安置。

2）移动三脚架，使光学对点器中心与测点重合，完成粗对中工作。

3）调节三脚架，使圆水准气泡居中，完成粗平工作。

4）调节脚螺旋，使长水准气泡居中，完成精平工作。

5）移动基座，精确对中，完成精对中工作；重复以上步骤直至完全对中、整平。

（3）开机

按开机键开机。按提示转动仪器望远镜一周显示基本测量屏幕。确认棱镜常数值和大气改正值。

（4）角度测量

仪器瞄准角度起始方向的目标，按键选择显示角度菜单屏幕（按置零键可以将水平角读数设置为0°00′00″）；精确照准目标方向仪器即显示两个方向间水平夹角和垂直角。

（5）距离测量

按键选择进入斜距测量模式界面；照准棱镜中心，按测距键两次即可得到测量结果。按 ESC 键，清空测距值。按切换键，可将结果切换为平距、高差显示模式。

（6）放样

选择坐标数据文件。可进行测站坐标数据及后视坐标数据的调用；置测站点；置后视点，确定方位角；输入或调用待放样点坐标，开始放样。

4. 怎样使用测距仪进行工程测量？

答：用测距仪可以完成距离、面积、体积等测量工作。

（1）距离测量

1）单一距离测量。按测量键，启动激光光束，再次按测量键，在一秒钟内显示测量结果。

2）连续距离测量。按住测量键两秒，可以启动连续距离测量模式。在连续测量期间，每8～15秒次的测量结果更新显示在结果行中，再次按测量键终止。

（2）面积测量

按面积功能键，激光束切换为开。将测距仪瞄准目标，按测量键，将测得并显示所量物体的宽度，再按测量键，将测得物体的长度，且立即计算出面积，并将结果显示在结果行中。计算面积按所需的两端距离，显示在中间的结构行中。

5. 高程测设要点各有哪些？

答：已知高程的测设，就是根据一个已知高程的水准点，将另一点的设计高程测设到实地上。高程测设要点如下：

（1）假设 A 点为已知高程水准点，B 点的设计高程为 H_B。

（2）将水准仪安置在 A，B 两点之间，现在 A 点立水准尺，读得读数为 a，由此可以测得仪器视线高程为 $H_i=H_A+a$。

（3）B 点在水准尺的读数确定。要使 B 点的设计高程为 H_B，则在 B 点的水准尺上的读数为 $b=H_i-H_B$。

（4）确定 B 点设计高程的位置。将水准尺紧靠 B 桩，在其上、下移动水准尺子，当中丝读数正好为 b 时，则 B 尺底部高程即为要测设的高程 H_B。然后在 B 桩时沿 B 尺底部做记号，即得设计高程的位置。

（5）确定 B 点的设计高程。将水准尺立于 B 桩顶上，若水准仪读数小于 b 时，逐渐将桩打入土中，使尺上读数逐渐增加到 b，这样 B 点桩顶的高程就是 H_B。

6. 已知水平距离的测设要点有哪些？

答：已知水平距离的测设，就是由地面已知点起，沿给定方向，测设出直线上另一点，使得两点的水平距离为设计的水平距离。

（1）钢尺测设法

以 A 点为地面上的已知点，D 为设计的水平距离，要在地面给定的方向测设出 B 点，使得 AB 两点的水平距离等于 D。

1）将钢尺的零点对准地面上的已知的 A 点，沿给定方向拉平钢尺，在尺上读数为 D 处插测钎或吊垂球，以定出一点。

2）校核。将钢尺的零端移动 10～20cm，同法再测定一点。当两点相对误差在允许范围（1/3000～1/5000）内时，取其中点作为 B 点的位置。

（2）全站仪（测距仪）测设水平距离

将全站仪（测距仪）安置于 A 点，瞄准已知方向，观测人员指挥施棱镜人员沿仪器所指方向移动棱镜位置，当显示的水平距离等于待测设的水平距离时，在地面上标定出过渡点 B′，然后实测 AB′ 的水平距离，如果测得的水平距离已知距离之差不符合精度要求，应进行改正，直到测设的距离符合限差要求为止。

7. 已知水平角测设的一般方法的要点有哪些？

答：设 AB 为地面上的已知方向，顺时针方向测设一个已知的水平角β，定出 AB 的方向。具体做法是：

1）将经纬仪和全站仪安置在 A 点，用盘左瞄准 B 点，将水平盘设置为0°，顺时针旋转照准部使读数为 β 值，在此视线上定出 C' 点。

2）然后用盘右位置按照上述步骤再测一次，定出 C'' 点。

3）取 C' 到 C'' 中点 C，则 $\angle BAC$ 即为所需测设的水平角 β。

8. 怎样进行建筑物的定位和放线？

答：（1）建筑物的定位

建筑物的定位是根据设计图纸的规定，将建筑物的外轮廓墙的各轴线交点即角点测设到地面上，作为基础放线和细部放线的依据。常用的建筑物定位方法有以下几种：

1）根据控制点定位。如果建筑物附近有控制点可供利用，可根据控制点和建筑物定位点设计坐标，采取极坐标法、角度交会法或距离交会法将建筑物测设到地面上。其中极坐标法用得较多。

2）根据建筑基线和建筑方格网定位。建筑场地已有建筑基线或建筑方格网时，可根据建筑基线或建筑方格网和建筑物定位点设计坐标，用直角坐标等方法将建筑物测设到地面上。

3）根据与原有建（构）筑物或道路的关系定位。当新建筑物与原有建筑物或道路的相互位置关系为已知时，则可以根据已知条件的不同采用不同的方法将新建的建筑物测设到地面上。

（2）建筑物的放线

建筑物放线是根据已定位的外墙轴线交点桩，详细测设各轴线交点的位置，并引测至适宜位置做好标记。然后据此用白灰撒出基坑（槽）开挖边界线。

1）测设细部轴线交点。根据建筑物定位所确定的纵向两个边缘的定位轴线，以及横向两个边缘定位轴线确定四个角点就是建筑物的定位点，这四个角点已在地面上测设完毕。现欲测设次要轴线与主轴线的交点。可利用经纬仪加钢尺或全站仪定位等方法依次定出各次要轴线与主轴线的角点位置，并打入木桩钉好小钉。

2）引测轴线。基坑（槽）开挖时，所有定位点桩都会被挖掉，为了使开挖后各阶段施工能恢复各轴线位置，需要把建筑物各轴线延长到开挖范围以外的安全地点，并做好标志，称引测轴线。

① 龙门板法。在一般民用建筑中常用此法。

a. 在建筑物四角和之间隔墙的两侧开挖边线约2m处，钉设木桩，即龙门桩。龙门桩要铅直、牢固，桩的侧面应平行于基槽。

b. 根据水准控制点，用水准仪将±0.000（或某一固定标高值）标高测设在每个龙门桩外侧，并做好标志。

c. 沿龙门桩上±0.000（或某一固定标高值）标高线钉设水平的木板，即龙门板，应保证龙门板标高误差在规定范围内。

d. 用经纬仪或拉线方法将各轴线引测到龙门板顶面，并钉好小钉，即轴线钉。

e. 用钢尺沿龙门板顶面检查轴线钉的间距，误差应符合有关规范的要求。

② 轴线控制桩法。龙门板法占地大，使用材料较多，施工时易被破坏。目前工程中多采用轴线控制桩法。轴线控制桩一般设在轴线延长线上距开挖边线4m以外的地方，牢固地埋设在地下，也可把轴线投测到附近的建筑物上，做好标志，代替轴线控制桩。

9. 怎样进行基础施工测量？

答：基础施工测量包括开挖深度和垫层标高控制、垫层上基础中线的投测和基础墙标高的控制等内容。

（1）开挖深度和垫层标高控制

为了控制基槽的开挖深度，当快挖到槽底标高时，应用水准仪根据地面±0.000控制点，在槽壁上测设一些小木桩（称为水平桩），使木桩的上表面离槽底的设计标高为一固定值（如0.500m），作为控制挖槽深度、槽底清理和基础垫层施工的依据。一般在基槽转角处均应设置水平桩，中间每隔5m设一个。

（2）垫层上基础中线的投测

基础垫层打好后，根据龙门板上的轴线钉或轴线控制桩，用经纬仪或拉线挂垂球的方法，把轴线投测到垫层上，并用墨线弹出基础周线和边线，并作为砌筑基础的依据。

（3）基础墙标高的控制

基础墙是指±0.000以下的墙体，它的标高一般是用基础皮数杆来控制的。在杆上按照设计尺寸将砖和灰缝的厚度，按皮数画出，杆上注记从±0.000向下增加，并标明防潮层和预留洞口的标高位置等。

10. 怎样进行墙体施工测量？

答：（1）首层楼层墙体的轴线测设

基础墙砌筑到防潮层以后，可以根据轴线控制桩或龙门板上轴线钉，用经纬仪或拉线，把首层楼房的轴线和边线测设到防潮层上，并弹出墨线，检查外墙轴线交角是否为90°。符合要求后，把墙轴线延伸到基础外墙侧面做出标志，作为向上投测轴线的依据。同时还应把门、窗和其他洞口的边线，在外墙侧面上做出标志。

（2）上层楼层墙体标高测设

墙体砌筑时，其标高用墙身皮数杆控制。在墙体皮数杆上根据设计尺寸，按砖和灰缝的厚度划线，并标明门、窗、过梁、楼板等的标高位置。杆上注记从±0.000向上增设。每层墙体砌筑到一定高度后，常在各层墙面上测出+0.5m的水平标高线，即常说的50线，作为室内施工及装修的标高依据。

（3）二层以上楼层轴线测设

在多层建筑墙身砌筑过程中，为了保证建筑物轴线准确，可用吊垂球和经纬仪将基础或首层墙面上的标志轴线投测到各施工楼层上。

① 吊垂球的方法。将较重的垂球悬吊在楼板边缘，当垂球尖对准下面轴线标志时，垂球线在楼板边缘的位置，在此做出标志线。各轴线的标志线投测完毕后，检查各轴线间的距离，符合要求后，各轴线的标志线连接线即为楼层墙体轴线。

② 经纬仪投测法。在轴线控制桩上安置经纬仪，对中整平后，照准基础或首层墙面上的轴线标志，用盘左、盘右分中法，将轴线投测到楼层边缘，在此做出标志线。各轴线的标志线投测完毕后，检查各轴线间的间距，符合要求后，各轴线的标志线连接线即为楼层墙体轴线。

（4）二层以上楼层标高传递

可以采用皮数杆传递、钢尺直接丈量、悬吊钢尺等方法。

① 利用皮数杆传递。一层楼房砌筑完成后，当采用外墙皮数杆时，沿外墙接上皮数杆，即可以把标高传递到各楼层上去。

② 利用钢尺直接丈量。在标高精度要求较高时，可用钢尺从±0.000标高处向上直接丈量，把高程传递上来，然后设置楼层皮数杆，统一抄平后作为该楼层施工时控制标高的依据。

③ 悬吊钢尺法。在楼面上或楼梯间悬吊钢尺，钢尺下端悬挂一重锤，然后使用水准仪把高程传递上来。一般需要从三个标高点向上传递，最后用水准仪检查传递的高程点是在同一水平面上，误差不超过3mm。

11. 怎样进行柱子安装测量？

答：柱子安装测量包括以下内容：

（1）投测柱列轴线

在基础顶面用经纬仪根据柱列轴心控制桩，将柱列轴线投测到杯口顶面上，并弹出墨线，用红漆画出"▼"标志，作为安装柱子时确定轴线的依据。如果柱列轴线不通过柱子的中心线，应在杯型基础顶面加弹柱子中心线。同时用水准仪在杯口内壁测设一条-0.600的标高线，并画出"▼"标志，作为杯底找平的依据。

（2）柱身弹线

柱子安装前，先将柱子按轴线编号。并在每根柱子的三个侧面弹出柱中心线，并在每条线的上端和下端靠近杯口处画出"▼"标志。根据牛腿面的标高，从牛腿面向下用钢尺量出-0.600的标高线，并画出"▼"标志。

（3）杯底找平

首先量出柱子的-0.600标高线至柱子底面的长度，再量出相应的柱基杯口内-0.600标高线至杯底的尺寸，两个值之差即为杯底找平厚度，用水泥砂浆在杯底进行找平，使牛腿面符合设计标高的要求。

（4）柱子的安装测量

柱子安装测量的目的是保证柱子垂直度、平面位置和标高符合要求。柱子被吊入杯口后，应使柱子三面的中线与杯口中心线对齐，用木楔或钢楔临时固定。通过敲打楔子等方法调整好柱子平面位置符合要求。并用水准仪检测柱身已标定的轴线标高线。然后用两台经纬仪，分别安置在柱基纵、横轴线离柱子不小于柱高的1.5倍距离位置上，先照准柱子底部的中心线标志，固定照准部位后，再缓慢抬高望远镜，通过校正使柱身双向中心线与望远镜十字丝竖丝相重合，柱子垂直度校正完成，最后在杯口与柱子的缝隙中分两次浇筑混凝土，固定柱子。

12. 怎样进行吊车梁的安装测量？

答：吊车梁的安装测量主要是保证吊车梁平面位置和吊车梁的标高符合要求，具体步骤如下：

（1）安装前的准备工作

首先在吊车梁的顶面和两端面上用墨线弹出中心线。再根据厂房中心线，在牛腿面上弹测出吊车梁的中心线。同时根据柱子上的±0.000标高线，用钢尺沿柱侧面向上量出吊车梁顶面设计标高线，作为调整吊车梁顶面标高的依据。

（2）吊车梁的安装测量

安装时，使吊车梁两端的中心线与牛腿面上的梁中心线重合，吊车梁初步定位。然后可以校正好的两端吊车梁为准，梁上拉钢丝作为校正中间各吊车梁的依据，使每个吊车梁中心线与钢丝重合。也可以采用平行线法对吊车梁的中心线进行校正。

当吊车梁就位后，还应根据柱上面定出的吊车梁标高线检查梁面的标高，不满足时可采用垫铁固定及抹灰调整。然后将水准仪安置在吊车梁时，检测梁面的标高是否符合要求。

13. 怎样进行屋架安装测量？

答：（1）安装前的准备工作

屋架吊装前，在屋架两端弹出中心线，并用经纬仪在柱顶面上测设出屋架定位轴线。

（2）屋架的安装测量

屋架吊装就位时，应使屋架的就位线与柱顶面的定位轴线对准，其误差符合要求。屋架的垂直度可用垂球或经纬仪进行检查。

在屋架上弦中部及两端安装三把卡尺，自屋架几何中心向外量出一定距离（一般为500mm），做出标志。在地面上，距屋架中线相同距离处，安置经纬仪，通过观测三把卡尺的标志来校正屋架，最后将屋架用电焊固定。

14. 什么是建筑变形观测？建筑变形观测的任务、内容有哪些？

答：利用观测设备对建筑物在各种荷载和各种影响因素作用下产生的结构位置和总体形状的变化，所进行的长期测量工作称为建筑变形观测。建筑物变形观测的任务是周期性地对设置在建筑物上的观测点进行重复观测，求得观测点位置的变化量。变形观测的主要内容包括沉降观测、倾斜观测、位移观测、裂缝观测和挠度观测等。在建筑物变形观测中，进行最多的是沉降观测。

15. 沉降观测时水准点的设置和观测点布设有哪些要求？

（1）水准点的设置

水准点的设置应满足下列要求：

1）水准点的数目不应少于3个，以便检查。

2）水准点应该设置在沉降变形区以外，距沉降观测点不应大于100m，观测方便且不受施工影响的地方。

3）为防止冻结影响，水准点埋设深度至少要在冻结线以下0.5m。

（2）观测点的布设

沉降观测点的布设应能全面反映建筑及地基变形特征，并顾及地质情况和建筑结构的特点，点位宜选在下列位置：

1）建筑物四角、核心筒四角、大转角处以及沿外墙每10～20m处或每隔2～3根柱基上；

2）新旧建筑物、高低层建筑物、纵横墙交接处的两侧；

3）裂缝、沉降缝、伸缩缝或后浇带两侧、基础埋深相差悬殊处、人工地基与天然地基接壤处、不同结构的分界处及填挖方分界处；

4）宽度大于等于15m或小于15m而地质复杂以及膨胀土地区的建筑物，应在承重内隔墙中部设内墙点，并在室内地面中心及四周设地面点；

5）临近堆置重物处、受振动有显著影响的部位及基础下的暗浜（沟）处；

6）框架结构建筑物的每个或部分柱基上或沿纵横轴线设点；

7）筏板基础、箱形基础底部或接近基础的结构部分的四角处及中部位置；

8）重型设备基础和动力设备基础的四角处、基础形式改变处、埋深改变处以及地质条件变化处两侧；

9）电视塔、烟囱、水塔、油罐、炼油塔、高楼等高耸构筑物，沿周边与基础轴线相交的对称位置，不得少于4个点。

16. 沉降观测的周期怎样确定？

答：沉降观测周期和观测时间应根据工程性质、施工进度、地基地质情况及基础荷载的变化情况而定，应按下列要求并结合实际情况而定：

（1）普通建筑可在基础完工后或地下室砌完后开始观测，大型、高层建筑可在基础垫层或基础底部完成后开始观测。

（2）观测次数与观测时间应视地基和加荷情况而定。民用高层建筑可每加高1～5层观测一次，工业建筑可按回填基坑、安装柱子和屋架、砌筑墙体、设备安装等不同施工阶段分别进行观测。若建筑施工均匀增高，应至少在增加荷载25%、50%、75%和100%时各测一次。

（3）施工过程中若暂停施工，在停工时和重新开始时应各观测一次。停工期间可每隔2～3个月观测一次。

（4）在观测过程中，若有基础附近地面荷载突然增加、基础四周大量积水、长时间连续降雨等情况，均应及时增加观测次数。当建筑物突然发生大量沉降、不均匀沉降或严重裂缝时，应立即进行逐日或2～3天一次的连续观测。

（5）建筑物使用阶段的观测次数，应视地面土类型和沉降速率大小而定。除有特殊要求外，可在第一年观测3～4次，第二年观测2～3次，第三年以后每年观测1次，直至稳定为止。

（6）按建筑沉降是否进入稳定阶段，应由沉降量与时间关系曲线判定。当最后100天的沉降量在0.01～0.04mm/天时可认为已经进入稳定阶段。具体取值宜根据各地区地基土的压缩性能确定。

17. 建筑沉降观测的方法和观测的有关资料各有哪些？

答：（1）沉降观测的方法

建筑沉降观测的方法视沉降观测的精度而定，有一、二、三等水准测量、三角高程测量等方法。

（2）观测的有关资料

沉降观测的资料有：

1）沉降观测成果表；

2）沉降观测点位分布图及各周期沉降展开图；

3）荷载、时间、沉降量曲线图；

4）建筑物等沉降曲线图；

5）沉降观测分析报告。

18. 怎样进行建筑物倾斜观测？

答：倾斜观测通常包括一般建筑物倾斜观测和建筑物基础倾斜观测。

（1）一般建筑物倾斜观测

将经纬仪安置在距建筑物约1.5倍建筑物高度处，瞄准建筑物某墙面上部的观测点1（可预先编号并做标记），用盘左、盘右分中投点法向下定出新的一点2（可预先编号或做标记）。相隔一段时间后，经纬仪瞄准上部的观测点，用盘左、盘右分中投点法，向下定出最新的一点3，用钢尺量出下部点2和更新的下部点3之间的偏移值，同样方法可以得到垂直方向另一个观测点在另一方向的侧移值。根据两个方向的偏移值可以计算出该建筑物的总偏移值为相互垂直方向的偏移值各自平方之和再开方。根据总偏移值和建筑物总高度可以算出倾斜率为总偏移值与房屋总高之比。

（2）建筑物基础倾斜观测

建筑物基础倾斜观测一般采用精密水准测量的方法，定期测出基础两端点的沉降量差值，根据两点间的距离，可计算出倾斜度。对于整体刚性较好的建筑物的倾斜观测，也可采用基础沉降量差值推算主体侧移值。用精密水准测量测定建筑物两端点的沉降量差值，再根据建筑物的宽度和高度，推算出该建筑物主体的侧移值。

19. 怎样进行建筑物裂缝观测?

答：裂缝观测的步骤如下：

(1) 石膏板标志法。用厚 10mm，宽 50～80mm 的石膏板，固定在裂缝的两侧，当裂缝继续发展时，石膏板也随之开裂，从而观察裂缝的大小及继续发展的情况。

(2) 白钢板标志。用两块白钢板。一片为 150mm×150mm 的正方形，固定在裂缝的一侧。另一片为 50mm×200mm 的矩形，固定在裂缝的另一侧。在两块白钢板的表面，涂上红色油漆。如果裂缝继续发展，两块白钢板将逐渐被拉开，露出正方形上没有油漆的部分，其宽度即为裂缝增大的宽度，用尺子量出。

20. 怎样进行建筑物水平位移观测?

答：水平位移的观测方法如下：

(1) 角度前方交会法。利用角度前方交会法，对观测点进行角度观测，计算观测点的坐标利用两点之间的坐标差值，计算该点的水平位移。

(2) 基准线法。观测时先在位移方向的垂直方向上建立一条基准线，在其上取两个控制点 1、2，在另一端为观测点 3。只要定期测量观测点 3 与基准线 12 的角度变化值，即可测定水平位移量。在 1 点安装经纬仪，第一次观测水平角，第二次观测水平角，算出两次观测水平角值之差，则可计算出其位移量。

第四节　抽样统计分析的基本知识

1. 什么是总体、样本、统计量、抽样?

答：(1) 总体

总体是工作对象的全体，如果要对某种规格的构件进行检测，则总体就是这批构件的全部。总体是由若干个个体组成的，因此，个体是组成总体的元素。对待不同的检测对象，所采集的数据也各不相同，应当采集具有控制意义的质量数据。通常把从单个产品采集到的数据视为个体，而把该产品的全部质量数据的集合视为总体。

（2）样本

样本是由样品构成的，是从总体中抽取出来的个体。通过对样本的检测，可以对整批产品的性质作出推断性评价，由于存在随机性因素的影响，这种推断性评价往往会有一定的误差。为了把这种误差控制在允许的范围内，通常要设计出合理的抽样手段。

（3）统计量

统计量是根据具体的统计要求，结合对总体的统计期望进行的推断。由于工作对象的已知条件各有所不同，为了能够比较客观、广泛地解决实际问题，使统计结果更为可信，需要研究和设定一些常用的随机变量，这些统计量都是样本的函数，它们的概率密度解析式比较复杂。

2. 工程验收抽样的工作流程有哪几种？

答：通常是利用数理统计的基本原理，在产品的生产过程中或一批产品中随机地抽取样本，并对抽取的样本进行检测和评价，从中获取样本的质量数据信息。以获取的信息为依据，通过统计的手段对总体的质量情况作出分析和判断。工程验收抽样的流程图如下：

从生产过程（一批产品）中随机抽样→产生样本→检测、整理样本数据→对样本质量进行评价→经过推断、分析和评价产品或样本的总体质量。

3. 怎样进行质量检测试样取样？检测报告生效的条件是什么？检测结果有争议时怎样处理？

答：（1）质量检测试样取样

质量检查试样的取样应在建设单位或者工程监理单位监督下现场取样。提供质量检验试样的单位和个人，应当对试样的真实性负责。

1）见证人员。应由建设单位或者工程监理单位具备试验知识的工程技术人员担任，并应由建设单位或该工程的监理单位书面通知施工单位、检测单位和负责该工程的质量监督机构。

2）见证取样和送检。在施工过程中，见证人员应当按照见证取样和送检计划，对施工现场的取样和送检进行见证，取样人员应在试样或其包装上作出标识、标志。标识和标志要标明工程名称、取样部位、取样日期、取样名称和样品数量，并由见证人员和取样人员签字。见证人员应制作见证记录，并将见证记录归入施工技术档案。涉及结构安全的试块、试件和材料见证取样和送检比例不得低于有关技术标准中规定应取样数量的30%。

见证人员和取样人员应对试样代表性和真实性负责。见证取样的试块、试件和材料送检时，应由送检单位填写委托书，委托单应有见证人员和送检人员签字。检测单位应检查委托单及试样上的标识和标志，确认无误后方可进行检测。

（2）检测报告生效

检测报告生效的条件是：检测报告经检测人员签字、检测机构法定代表人或者其授权的签字人签署，并加盖检测机构公章或检测专用章后方可生效。检测报告经建设单位或监理单位确认后，由施工单位归档。

（3）检测结果争议的处理

检测结果利害关系人对检测结果发生争议的，由双方共同认可的检测机构复检，复检结果由提出复检方报当代建设主管部门备案。

4. 常用的施工质量数据收集的基本方法有哪几种？

答：质量数据的收集方法主要有全数检验和随机抽样检验

两种方式，在工程中大多采用随机抽样的检验方法。

（1）全数检验

这是一种对总体中的全部个体进行逐个检测，并对所获取的数据进行统计和分析，进而获得质量评价结论的方法。全数检验的最大优势是质量数据全面、丰富、可以获取可靠的评价结论。但是在采集数据的过程中要消耗很多人力、物力和财力，需要的时间也较长。如果总体的数量较少，检测的项目比较重要，而且检测方法不会对产品造成破坏时，可以采取这种方法；反之，对总体数量较大，检测时间较长，或会对产品产生破坏作用时，就不宜采用这种评价方法。

（2）随机抽样检验

这是一种按照随机抽样的原则，从整体中抽取部分个体组成样本，并对其进行检测，根据检测的评价结果来推断总体质量状况的方法。随机抽样的方法具有省时、省力、省钱的优势，可以适应产品生产过程中及破坏性检测的要求，具有较好的可操作性。随机抽样的方法主要有以下几种：

1）完全随机抽样。这是一种简单的抽样方法，是对总体中的所有个体进行随机获取样本的方法。即不对总体进行任何加工，而对所有个体进行事先编号，然后采用客观形势（如抽签、摇号）确定中选的个体，并以其为样本进行检测。

2）等距随机抽样。这是一种机械、系统的抽样方法，是对总体中的所有个体按照某一规律进行系统排列、编号，然后均分为若干组，这时每组有 $K=N/n$ 个体，并在第一组抽取第一件样品，然后每隔一定间距抽取出其余样品最终组成样本的方法。

3）分层抽样。这是一种把总体按照研究目的的某些特性分组，然后在每一组中随机抽取样品组成样本的方法。由于分层抽样要求对每一组都要抽取样品，因此可以保证样品在总体分布中均匀，具有代表性，适合于总体比较复杂的情况。

4）整体抽样。这是一种把总体按照自然状态分为若干组群，并在其中抽取一定数量试件组成样品，然后进行检测的方法。这种方法样品相对集中，可能会存在分布不均匀、代表性差的问题，在实际操作时，需要注意生产周期的变化规律，避免样品抽取的误差。

5）多阶段抽样。这是一种把单阶段抽样（完全随机抽样、等距抽样、分层抽样、整群抽样的统称）综合运用的方法。适合在总体很大的情况下应用。通过在产品不同生产阶段多层随机抽样，多次评价得出数据，使评价的结果更为客观、准确。

5. 建设工程专项质量检测、见证取样检测内容有哪些？

答：建设工程质量检测是工程质量检测机构接受委托，根据国家有关法律、法规和工程建设强制性标准，对涉及结构安全项目的抽样检测和对施工现场的建筑材料、构配件的见证取样检测。

（1）专项检测的业务内容

专项检测的业务内容包括：地基基础工程检测、主体结构工程现场检测、建筑幕墙工程检测、钢结构工程检测。

（2）见证取样检测的业务内容

见证取样检测的业务内容包括：水泥物理力学性能检验；钢筋（含焊接与机械连接）力学性能检验；砂、石常规检验；混凝土、砂浆强度检验；简易土工试验；混凝土掺加剂检验；预应力钢绞线、锚具及夹具检验；沥青混合料检验。

6. 常用施工质量数据统计分析的基本方法有哪几种？

答：常用施工质量数据统计分析的基本方法有：排列图、因果分析图、直方图、控制图、散布图和分层法等。

（1）排列图

排列图又称为帕累托图，是用来寻找影响产品质量主要因素的一种方法。

1）排列图的作图步骤

①收集一定时间内的质量数据。

②按影响质量因素确定排列图的分类，一般可按不合格产品的项目、产品种类、作业班组、质量事故造成的经济损失来分。

③统计各项目的数据，即频数、计算频率、累计频率。

④画出左右两条纵坐标，确定两条纵坐标的适当刻度和比例。

⑤根据各种影响因素发生的频数多少，从左向右排列在横坐标上，各种影响因素在横坐标上的宽度要相等。

⑥根据纵坐标的刻度和各种影响因素的发生频数，画出相应的矩形图。

⑦根据步骤③中计算的累计频率按每个影响因素分别标注在相应的坐标点上，将各点连成曲线。

⑧在图面的适当位置，标注排列图的标题。

2）排列图的分析

排列图中矩形柱高度表示影响程度的大小。观察排列图寻找主次因素时，主要看矩形柱高矮这个因素。一般确定主次因素可利用帕累托曲线，将累计百分数分为三类：累计百分数在0%～80%左右的为A类，在此区域内的因素为主要影响因素，应重点加以解决；累计百分数在80%～90%左右的为B类，在此区域内的因素为次要因素，可按常规进行管理；累计百分数在90%～100%的为C类，在此区域的因素为一般因素。

3）应用

图2-18是某项某一时间段内的无效工排列图，从图中可见：开会学习占610工时、停电占354工时、停水占236工时、气候影响占204工时、机械故障占54工时。前两项累计频率61.0%，是无效工的主要原因；停水是次要因素，气候影响、机械故障是一般因素。

（2）因果分析图

因果分析图是一种逐步深入研究和讨论质量问题的图示方法。

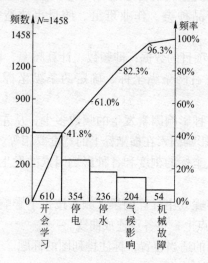

图2-18　无效工排序图

因果分析图由若干枝干组成，枝干分为大枝、中枝、小枝和细枝，它们分别代表大大小小不同的原因。

1）因果分析图的作图步骤

① 确定需要分析的质量特性（或结果），画出主干线，即从左向右的带箭头的线。

② 分析、确定影响质量特性的大枝（大原因）、中枝（中原因）、小枝（小原因）、细枝（更小原因），并顺序用箭头逐个标注在图上。

③ 逐步分析，找出关键性的原因并作出记号或用文字加以说明。

④ 制定对策、限期改正。

2）应用

混凝土强度不合格因素分析因果图如图2-19所示：

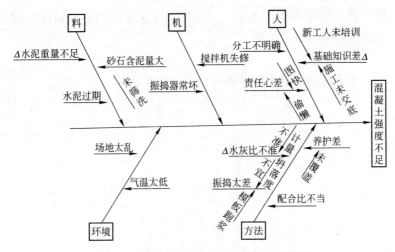

图2-19 混凝土强度不合格因素分析因果图

（3）直方图

直方图是反映产品质量数据分布状态和波动规律的图表。

1）直方图的作图步骤

① 收集数据，一般数据的数量用N表示。

② 找出数据中的最大值和最小值。

③ 计算极差，即全部数据的最大值和最小值之差：

$$R = X_{max} - X_{min}$$

④ 确定组数K。

⑤ 计算组距h：

$$h = R/K$$

⑥ 确定分组组界

首先计算第一组的上、下界限值：第一组下界值=$X_{min} - h/2$，第一组上界值=$X_{min} + h/2$。然后计算其余各组的上、下界限值。第一组的上界限值就是第二组下界限值，第二组的下界限值加上组距就是第二组的上界限值，其余依次类推。

⑦ 整理数据，做出频数表，用f表示每组的频数。

⑧ 画直方图。直方图是一张坐标图，横坐标取分组的组界

值，纵坐标取各组的频数。找出纵横坐标上点的分布情况，用直线连起来即成直方图。

2）示例

某工程的混凝土试件强度直方图见图2-20。

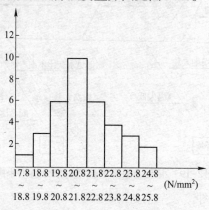

图2-20 混凝土试件强度直方图

3）直方图图形分析

通过观察直方图的形状，可以判断生产的质量情况，从而采取必要的措施，预防不合格品的产生。

第三章 岗位知识

第一节 土建施工相关的管理规定和标准

1. 实施工程建设强制性标准监督内容、方式、违规处罚的规定各有哪些？

答：（1）强制性标准监督的内容

1）新技术、新工艺、新材料以及国际标准的监督管理工作

工程建设中拟采用的新技术、新工艺、新材料，不符合强制性标准规定的，应当由拟采用单位提请建设单位组织专题论证，报批建设行政主管部门或者国务院有关主管部门审定。

工程建设中采用国际标准或者外国标准，现行强制性标准未作规定的，建设单位应当向国务院建设行政主管部门或者国务院有关行政主管部门备案。

2）强制性标准监督检查的内容

① 有关工程技术人员是否熟悉、掌握强制性标准；

② 工程项目的规划、勘察、设计、施工、验收等是否符合强制性标准的规定；

③ 工程项目采用的材料、设备是否符合强制性标准的规定；

④ 工程项目的安全、质量是否符合强制性标准的规定；

⑤ 工程中采用的导则、指南、手册、计算机软件的内容是否符合强制性标准的规定。

（2）工程建设强制性标准监督方式

工程建设标准批准部门应当对工程项目执行强制性标准的情况进行监督检查。监督检查可以采用重点检查、抽查和专项检查的方式。

2. 工程项目竣工验收的范围、条件和依据各有哪些？

答：（1）工程项目竣工验收的范围

根据国家建设法律、法规的规定，凡新建、扩建、改建的基本建设项目和技术改造项目，按批准的设计文件所规定的内容建成，符合验收标准，都应及时验收办理固定资产移交手续。项目工程验收的标准为：工业项目经投料试车（带负荷运转）合格，形成生产能力的；非工业项目符合设计要求，能够正常使用的。对于某些特殊情况，工程施工虽未全部按设计要求完成，也应进行验收，这些特殊情况是指以下几种：

1）因少数非主要设备或某些特殊材料短期内不能解决，虽然工程内容尚未全部完成，但已可以投产或使用的工程项目。

2）按规定的内容已建成，但因外部条件的制约，如流动资金不足，生产所需原材料不足等，而使已建工程不能投入使用的项目。

3）有些建设项目或单项工程，已形成生产能力或实际上生产单位已经使用，但近期内不能按原设计规模续建，应从实际情况出发经主管部门批准后，可缩小规模对已完成的工程和设备组织竣工验收，移交固定资产。

（2）竣工验收的条件

建设项目必须达到以下基本条件，才能组织竣工验收：

1）建设项目按照工程合同规定和设计图纸要求已全部施工完毕，达到国家规定的质量标准，能够满足生产和使用要求。

2）交工工程达到窗明地净，水通灯亮及采暖通风设备正常运转。

3）主要工艺设备已安装配套，经联动负荷试车合格，构成生产线，形成生产能力，能够生产出设计文件规定的产品。

4）职工公寓和其他必要的生活福利设施，能适应初期的需要。

5）生产准备工作能适应投产初期的需要。

6）建筑物周围2m以内场地清理完毕。

7）竣工结算已完成。

8）技术档案资料齐全，符合交工要求。

（3）竣工验收的依据

1）上级主管部门对该项目批准的文件，包括可行性研究报告、初步设计以及与项目建设有关的各种文件。

2）工程设计文件，包括图纸设计及说明、设备技术说明书等。

3）国家颁布的各种标准和规范，包括现行的工程施工及验收规范、工程质量检验评定标准等。

4）合同文件。包括施工承包的工作内容和应达到的标准，以及施工过程中的设计变更通知书等。

3. 竣工验收的标准有哪些？

答：土建工程、安装工程、人防工程、管道工程等的验收各自的标准不尽相同，它们分别是：

（1）土建工程的验收标准。凡是生产性工程、辅助公用设施及生活设施，按照设计图纸、技术说明书在工程内容上按规定全部施工完毕，室内工程全部做完，室外的明沟勒脚、踏步斜道全部做完，内外粉刷完毕；建筑物、构筑物周围2m以内场地平整，障碍物清除，道路、给水排水、用电、通信畅通，经验收组织单位按验收规范进行验收，使工程质量符合各项要求。

（2）安装工程的验收标准。凡是生产性工程，其工艺、物料、热力等各种管道均已安装完，并已做好清洗、试压、吹扫、油漆、保温等工作，各种设备、电气、空调、仪表、通讯等工程项目全部安装结束，经过单机、联动无负荷及投料试车，全部符合安装技术的质量要求，具备生产的条件，经验收组织单位按验收规范进行合格验收。

（3）人防工程的验收标准。凡有人防工程或结合建设项目搞人防工程的工程竣工验收，必须符合人防工程的有关规定。

应按工程等级，安装好防护密闭门。室外通道在人防防护密闭门外的部位，增设防雨便门、设排风孔口。设备安装完毕、应做好内部粉饰并防潮。内部照明设备完全通电，必要的通信设施安完通话，工程无漏水，做完回填土，使通道畅通无阻等。

（4）大型管道工程的验收标准。大型管道工程(包括铸铁管、钢管、混凝土管和钢筋混凝土预应力管等)和各种泵类电动机按照设计内容、设计要求、施工规范全部(或分段)按质按量铺设和安装完毕，管道内部积存物要清除，输油管道、自来水管道、热力管道等还要经过清洗和消毒，输气管道还要经过赶气、换气。这些管道均应做打压试验。在施工前，要对管道材质及防腐层(内壁及外壁)根据规定标准进行验收，钢管要注意焊接质量，并进行质量评定和验收。对设计中选定的闸阀产品质量要慎重检验。地下管道施工后，回填土要按施工规范要求分层夯实。经验收组织单位按验收规范验收合格，方能办理竣工验收手续，交付使用。

4. 建筑工程质量验收的划分要求是什么？

答：《建筑工程施工质量验收统一标准》GB 50300中规定：建筑工程施工质量验收应划分为单位（子单位）工程、分部（子分部）工程、分项工程和检验批。

（1）单位工程划分的原则

1）具备独立施工条件并能形成独立使用功能的建筑物或构筑物为一个单位工程。

2）对于规模较大的单位工程，可将其能形成独立使用功能的部分划分为一个子单位工程。

（2）分部工程划分的原则

1）可按专业性质、工程部位确定。

2）当分部工程较大或较复杂时，可按材料种类、施工特点、施工程序、专业系统及类别将分部工程划分为若干子分部工程。

（3）分项工程可按主要工种、材料、施工工艺、设备类别进行划分。

（4）检验批可根据施工、质量控制和专业验收的需要，按工程量、楼层、施工段、变形缝进行划分。

（5）室外工程可根据专业类别和工程规模按《建筑工程施工质量验收统一标准》GB 50300附录C的规定划分子单位工程、分部工程和分项工程。

5. 房屋建筑工程质量保修范围、保修期限和违规处罚内容有哪些？

答：（1）房屋建筑工程质量保修范围

根据《中华人民共和国建筑法》第62条规定，建设工程质量保修范围包括：地基基础工程、主体结构工程、屋面防水工程、其他土建工程，以及配套的电气管线、上下水管线的安装工程、供热供冷系统工程等项目。

（2）房屋建筑工程质量保修期

在正常使用条件下，房屋建筑最低质量保修期限为：

1）地基基础工程和主体结构工程，为设计文件规定的该工程的合理使用年限；

2）屋面防水工程、有防水要求的卫生间、房间和外墙面的防渗漏，为5年。

3）供热与供冷系统工程，为两个采暖、供冷期。

4）电气管线、给排水管道、设备安装工程为2年。

5）装修工程为2年。

其他项目的保修期限由建设单位和施工单位约定。房屋建设保修期从工程竣工验收合格之日起计算。

6. 建筑节能工程施工质量验收的一般要求是什么？

答：建筑节能工程施工质量验收的一般要求有：

（1）承担建筑节能工程施工企业应具备相应的资质，施工现场应建立有效的质量管理体系、施工质量控制和检验制度，具有相应的施工技术标准。

（2）建筑节能工程采用的新技术、新设备、新材料、新工艺，应按照有关规定进行评审、鉴定及备案。施工前对新的或首次采用的施工工艺进行评价，并制定专门的施工技术方案。

（3）单位工程的施工组织设计应包括建筑节能工程施工内容。

（4）建筑节能工程使用的材料、设备等，必须符合施工图设计要求及国家有关标准的规定。严禁使用国家命令禁止使用与淘汰的材料和设备。

（5）建筑节能工程施工应当按照经审核合格的设计文件和经审批的建筑节能工程施工技术方案的要求施工。

7. 建筑地基基础工程施工质量验收的基本要求有哪些？

答：建筑地基基础工程施工质量验收的基本要求包括如下内容：

（1）地基基础施工前，必须具备完备的地质勘察资料及工程附近管线、建筑物、构筑物和其他公共设施的构造情况，必要时应做施工勘察和调查以确保工程质量及临近建筑的安全。

（2）施工单位必须具备相应专业资质，并应建立完善的质量管理体系和质量检验制度。

（3）从事地基基础工程检测及见证试验的单位，必须具备省级以上（含省、自治区、直辖市）建设行政主管部门颁发的资质证书和计量行政主管部门颁发的计量认证合格证书。

（4）地基基础工程是分部工程，如有必要，根据《建筑工程施工质量验收统一标准》GB 50300的规定，可以划分为若干个子分部工程。

（5）施工过程出现异常情况时，应停止施工，由监理或建设单位组织勘察、设计、施工等有关单位共同分析情况，解决问题，消除质量隐患，并应形成文件资料。

8. 建筑地基施工质量要求有哪些?

答:(1)对灰土地基、砂和砂石地基、土工合成材料地基、粉煤灰地基、强夯地基、注浆地基、预压地基,其竣工后的结果(地基强度或承载力)必须达到设计要求的标准。检验数量:每单位工程不应少于3点,1000m²以上的工程,每100m²至少应有1点;3000m²以上的工程,每300m²至少应有1点。每一独立基础下至少应有1点,基槽每20延米应有1点。

(2)对水泥土搅拌桩复合地基、高压喷射注浆桩复合地基、砂桩地基、振冲桩复合地基、土和灰土挤密桩复合地基、水泥粉煤灰碎石桩复合地基及夯实水泥土桩复合地基,其承载力检验,数量为其总数的0.5%~1%,但不应少于3处。有单桩检验强度要求时,数量为其总数的0.5%~1%,但不应少于3根。

9. 建筑桩基础施工质量要求有哪些?

答:(1)桩位的放样允许偏差为:群桩20mm;单排桩10mm。

(2)打(压)入桩(预应力混凝土方桩、先张法预应力管桩、钢桩)的桩位偏差,必须符合《建筑地基基础工程施工质量验收规范》GB 50202的规定。斜桩倾斜度的偏差不得大于倾斜角正切值的15%(倾斜角系桩的纵向中心线与铅垂线间的夹角)。

(3)混凝土灌注桩施工中应对成孔、清渣、放置钢筋笼、灌注混凝土等进行全过程检查,人工挖孔桩尚应复验孔底持力层土(岩)性。嵌岩桩必须具有桩端持力层的岩性报告。

(4)混凝土灌注桩施工结束后,应检查混凝土强度,并应做桩体质量及承载力的检验。

10. 建筑基坑工程施工质量要求有哪些?

答:建筑基坑工程施工质量要求有以下内容:

（1）基坑（槽）、管沟土方工程验收必须以支护结构安全和周围环境安全为前提。当设计有指标时，以设计要求为依据，如无设计指标时应符合规范规定。

（2）锚杆及土钉墙支护工程施工中，应对锚杆或土钉位置、钻孔直径、深度及角度，锚杆或土钉插入深度、注浆配合比、压力及注浆量、喷锚墙面厚度及强度、锚杆或土钉应力等进行检验。

（3）钢或混凝土支撑系统施工过程中，应严格控制开挖和支撑的程序和时间，对支撑的（包括立柱及立柱桩）位置、每层开挖深度、预加应力、钢围图与围护体或支撑与围图的密贴度应做周密检查。

（4）降水与排水是配合基坑开挖的安全措施，施工前应有降水和排水设计。当基坑降水时，应有降水范围的估算，对重要建筑物或公共设施在降水过程中应监测。

（5）基坑内明排水应设置排水沟及集水井，排水沟纵坡宜控制在 1% ~ 2%。

11. 混凝土结构施工质量验收的基本要求有哪些？

答：混凝土结构施工质量验收的基本要求有以下内容：

（1）混凝土结构工程施工现场管理应有相应的施工技术标准、健全的质量管理体系、施工质量控制和质量检验制度。施工组织设计和施工技术方案需经审查批准。

（2）混凝土子结构分部工程可根据结构的施工方法分为两类：现浇混凝土结构子分部工程和装配式混凝土结构子分部工程；根据结构的分类，还可以分为钢筋混凝土结构子分部工程和预应力混凝土结构子分部工程等。

混凝土结构子分部工程可划分为模板、钢筋、预应力、混凝土、现浇结构和装配式结构等分项工程。各分项工程可根据与施工方式一致且便于控制施工质量的原则，按工作班、楼层、结构缝或施工段划分为若干检验批。

（3）对混凝土结构子分部工程的质量验收，应在钢筋、预应力、混凝土、现浇结构和装配式结构等相关分项工程验收合格的基础上，进行质量控制资料检查及观感质量验收，应对涉及结构安全的材料、试件、施工工艺和结构的重要部位进行见证检测或结构实体检验。

（4）分项工程的质量验收应在所含的检验批验收合格的基础上，进行质量验收记录检查。

（5）检验批质量合格验收必须符合下列规定：

1）主控项目的质量经抽样检验合格。

2）一般项目的质量经抽样检验合格；当采用计数检验时，除有专门要求外，一般项目的合格点率达到80%以上，且不得有严重缺陷。

3）具有完整的施工操作依据和质量验收记录。

12. 砌体工程施工质量验收的要求有哪些内容？

答：砌体工程施工质量验收的要求有：

（1）基本要求

1）其他工程所用的材料应有产品合格证书、产品性能检测报告。

2）砌筑顺序应符合：基底标高不同时，应从低处砌起，并应由高处向低处搭砌。

3）在墙上留置临时施工洞口，其侧边离交接处墙面不应小于500mm，洞口净宽不应超过1m。

4）设计要求的洞口、沟槽、管道应于砌筑时正确留出或预埋，未经同意不得打凿墙体和在墙体上开凿水平沟槽。

5）砌体结构验收批的划分、其主控项目应符合现行国家标准《砌体结构工程施工质量验收规范》GB 50203的规定。

（2）砌筑砂浆

1）水泥进场使用前，应分批对其强度、安定性进行复验。

2）砂浆用砂不得含有有害杂质，含泥量应符合施工质量验收规范规定的要求。

3）配制水泥石灰砂浆时，不得采用脱水硬化的石灰膏。

4）消石灰粉不得直接用于砌筑砂浆中。

5）凡在砂浆中掺入有机塑化剂、早强剂、缓凝剂、防冻剂等，应经检验和试配符合要求后，方可使用。

（3）砖砌体工程

1）用于清水墙、柱表面的砖，应边角整齐，色泽均匀。

2）240mm厚的承重墙的每层墙的最上一皮砖，砖砌体的台阶水平面上及挑出层，应整砖丁砌。

3）砖过梁底部的模板，应在灰缝砂浆强度不低于设计强度50%时，方可拆除。

4）砌体砌筑时，蒸压灰砂砖、蒸压粉煤灰砖等砌块的产品龄期不应小于28天。

5）竖向灰缝不得出现瞎缝、透明缝和假缝。

6）砖和砂浆的强度等级必须符合设计要求。

7）砖砌体的转角处和交接处应同时砌筑，严禁无可靠措施的内外墙分砌施工。

8）非抗震设防及抗震设防烈度为6度、7度地区的临时间断处，当不能留斜槎时，除转角处，可留直槎，但直槎必须做出凸槎，且应加设拉结钢筋，拉结钢筋应符合相关规定。

13. 钢筋分项工程质量验收的要求有哪些？

答：钢筋分项工程质量验收的要求有：

（1）当钢筋的品种、级别或规格需作变更时，应办理设计变更文件。

（2）在浇筑混凝土之前，应进行钢筋隐蔽工程验收，其内容包括纵向受力钢筋的品种、规格、数量、位置等；钢筋的连接方式、接头位置、接头数量、接头面积百分率等；箍筋、横向钢筋的品种、规格、数量、间距等；预埋件的规格、数量、位置等。

（3）原材料。对有抗震设防要求的框架结构，其纵向受力钢筋的强度应满足设计要求；当设计无具体要求时，对一、二级抗震等级，检验所得的强度实测值应符合下列规定：

1）钢筋的抗拉强度实测值与屈服强度实测值的比值不应小于1.25；

2）钢筋的屈服强度实测值与强度标准值的比值不应大于1.3。

（4）钢筋加工。受力钢筋的弯钩和弯折应符合规范规定；除焊接封闭环式箍筋外，箍筋末端应做弯钩，弯钩形式应符合设计要求；当设计无具体要求时，应符合规范规定。检查数量：按每工作班同一类钢筋、同一加工设备抽查不应少于3件。

（5）钢筋连接。纵向钢筋的连接应符合设计要求，其质量应符合有关规程的规定；在施工现场，应按国家现行标准《钢筋机械连接技术规程》JGJ 107、《钢筋焊接及验收规程》JGJ 18的规定抽取钢筋机械连接接头、焊接接头试件做力学性能检验，其质量应符合有关规程的规定。

（6）钢筋安装。钢筋安装时，受力钢筋的品种、级别、规格和数量必须符合设计要求。钢筋安装位置的偏差应符合规定。

14. 屋面节能工程、地面节能工程施工质量验收的要求是什么？

答：（1）屋面节能工程施工质量验收的要求

1）屋面保温隔热工程的施工，应在基层质量验收合格后进行。施工过程中应及时进行质量检查、隐蔽工程验收和检验批验收，施工完成后应进行屋面节能分项工程验收。

2）屋面保温隔热工程应对下列部位进行隐蔽工程验收，并应有隐蔽工程验收记录和图像资料：基层；保温层的敷设方式、厚度；板材缝隙填充质量；屋面热桥部位；隔汽层。

3）屋面保温隔热施工完成后，应及时进行找平层和防水层的施工，避免保温层受潮、浸泡和受损。

（2）地面节能工程施工质量验收的要求

地面节能工程应对下列部位进行隐蔽工程验收，并应有详细的文字记录和必要的图像资料：基层、被封闭的保温材料厚度、保温材料粘结、隔断热桥部位。

15. 建筑地面工程施工质量验收的要求有哪些内容？

答：根据《建筑地面工程施工质量验收规范》GB 50209-2010规定，建筑地面工程施工质量验收的要求有以下几个方面：

（1）检查楼地面应与下一层结合是否牢固，是否满足无空鼓和开裂，当出现空鼓时，空鼓面积是否满足不大于400cm²，且满足每自然间或标准间不得大于两处。不满足以上要求验收不能通过，需经返工后再行复验，直到合格。

（2）检查楼地面是否洁净，是否有裂纹、脱皮、麻面等缺陷，如不能满足以上几点中的一点及以上者视为验收没有通过，需经返工后，再行复验直至合格。

16. 民用建筑工程室内环境污染控制的要求有哪些内容？

答：根据《民用建筑工程室内环境污染控制规范（2013版）》GB 50325的规定，民用建筑工程室内环境污染控制的要求包括以下几个方面：

（1）民用建筑工程及室内装修工程的室内环境质量验收，应在工程完工至少7天以后，工程交付使用前进行。

（2）工程验收时应提交规范规定的相关资料。

（3）民用建筑工程所用建筑材料和装修材料应符合设计要求和规范的有关规定。

（4）工程验收时，必须进行室内环境污染物浓度检测，其限量符合规范规定值。

（5）采用集中中央空调的工程，应进行室内新风量的检测，检测结果应符合设计要求和现行国家标准《公共建筑节能设计标准》GB 50189的有关规定。

（6）室内空气中氡的检测，所选用方法的检测结果不确定度不应大于25%，方法的探测下限不应大于10Bq/m³。

（7）室内空气中甲醛的检测方法，应符合现行国家标准《公共场所空气中甲醛测定方法》GB/T 18204.26中酚试剂分光度法的规定。

（8）室内空气中甲醛检测，也可采用简便取样仪器检测方法，甲醛简便取样仪器应定期进行校准，测量结果在0.01～0.6mg/m³测定范围的不确定度应小于20%。

（9）民用建筑工程室内空气中苯的检测方法，应符合《民用建筑工程室内环境污染控制规范（2013版）》GB 50325附录F的规定。

（10）民用建筑工程室内空气中氨的检测方法，应符合现行国家标准《公共场所空气中氨测定方法》GB/T 18204.25中靛酚蓝分光光度法的规定。

（11）室内空气中总挥发性有机物（TVOC）的检测方法，应符合《民用建筑工程室内环境污染控制规范（2013版）》GB 50325附录G的规定。

（12）民用建筑工程验收时，应抽检每个建筑单体有代表性的房间室内环境污染物浓度，氡、甲醛、氨、苯、TVOC的抽检量不得少于房间总数的5%，每个建筑单体不得少于3间。

（13）凡样板间检测室内环境污染物合格的、抽检量减半，并不得少于3间。

（14）室内环境污染物浓度检测点数应按规范规定确定。

（15）当房间内有2个及以上检测点时，应采用对角线、斜线、梅花状均衡布点，并取各点检测结果的平均值作为该房间的检测值。

（16）民用建筑工程验收时，环境污染物浓度现场检测点应距内墙面不小于0.5m、距楼地面高度0.8～1.5m。检测点应均匀分布，避开通风道和通风口。

（17）室内环境中甲醛、氨、苯、TVOC浓度检测时，对采用集中空调的民用建筑工程，应在空调正常运转的条件下进行；对于采用自然通风的民用建筑工程，检测应在对外门窗关闭1小时后进行。

（18）室内环境中氡浓度检测时，对采用集中空调的民用建筑工程，应在空调正常运转的条件下进行；对于采用自然通风的民用建筑工程，检测应在对外门窗关闭24小时后进行。

（19）当室内环境污染物浓度的全部检测结果符合《民用建筑工程室内环境污染控制规范（2013版）》GB 50325的规定时，应判定该工程室内环境质量合格。

（20）当室内环境污染物浓度检测结果不符合规范规定时，应查找原因并采取措施进行处理。处理后可对不合格项进行再次检测。再次检测时抽样量应增加1倍，并应包含同类房间和原不合格房间。再次检测结果全部符合规范的规定时，应判定为室内环境质量合格。

（21）室内环境质量验收不合格的民用建筑工程，严禁投入使用。

17. 建筑节能工程施工质量验收的要求有哪些内容？

答：建筑节能工程为单位工程的一个分部工程。其土建分部涉及墙体节能工程、门窗节能工程、屋面节能工程、地面节能工程等分项工程。验收时应按分项工程进行，当建筑节能分项工程较大时，可以将其划分为若各个检验批进行验收。建筑节能分项工程和检验批的验收应单独填写验收记录，节能验收资料应单独组卷。

建筑节能分项工程验收时，应满足一般规定、主控项目和一般项目等方面的规定。

18. 怎样判定建筑工程质量验收是否合格？

答：（1）检验批质量验收合格的规定

1）主控项目和一般项目的质量经抽样检验合格。

152

2）具有完整的施工操作依据、质量验收记录。

（2）分项工程质量验收合格的规定

1）所含的检验批均应验收合格。

2）所含的检验批的质量验收记录应完整。

（3）分部工程质量验收合格的规定

1）所含分项工程的质量均应验收合格。

2）质量控制资料应完整。

3）有关安全、节能、环境保护和主要使用功能的抽样检验结果应符合相应规定。

4）观感质量应符合要求。

（4）单位工程质量验收合格的规定

1）所含分部工程的质量均验收合格。

2）质量控制资料应完整。

3）所含分部工程有关安全、节能、环境保护和主要使用功能的检验资料应完整。

4）主要使用功能的抽查结果应符合相关专业验收规范的规定。

5）观感质量应符合要求。

19. 怎样对工程质量不符合要求的进行处理？

答：（1）经返工或返修的检验批，应重新进行验收。

（2）经有资质的检测单位检测鉴定能够达到设计要求的检验批，应予验收。

（3）经有资质的检测单位检测鉴定达不到设计要求、当经原设计单位核算认可能够满足安全和使用功能的检验批，可予以验收。

（4）经返修或加固处理的分项、分部工程，满足安全及使用功能要求时，可按技术处理方案和协商文件的要求进行验收。

（5）通过返修或加固处理仍不能满足安全或重要使用功能要求的分部工程及单位工程，严禁验收。

20. 建筑工程质量验收的程序和组织包括哪些内容？

答：（1）检验批应由专业监理工程师组织施工单位项目专业质量检查员、专业工长等进行验收。

（2）分项工程应由专业监理工程师组织施工单位项目专业技术负责人等进行验收。

（3）分部工程应由总监理工程师组织施工单位项目负责人和项目技术负责人等进行验收；勘察、设计单位项目负责人和施工单位技术、质量部门负责人应参加相关分部工程验收。

（4）单位工程完工后，施工单位应组织有关人员进行自检。总监理工程师应组织各专业监理工程师对工程质量进行竣工预验收。存在施工质量问题时，应由施工单位整改。整改完毕后，由施工单位向建设单位提交工程竣工报告，申请工程竣工验收。

（5）建设单位收到工程竣工报告后，应由建设单位项目负责人组织监理、施工、设计、勘察等单位项目负责人进行单位工程验收。

（6）单位工程中的分包工程完工后，分包单位应对所承包的工程项目进行自检，并应按《建筑工程施工质量验收统一标准》GB 50300规定的程序进行验收。验收时，总包单位应派人参加。分包单位应将所分包工程的质量控制资料整理完整，并移交总包单位。

（7）当参加验收各方对工程质量验收意见不一致时，可请当地建设行政主管部门或工程质量监督机构协调处理。

（8）单位工程质量验收合格后，建设单位在规定的时间内将工程竣工报告和有关文件，报送建设行政主管部门备案。

21. 钢结构工程施工质量验收的要求有哪些内容？

答：钢结构工程施工质量验收的要求有：

（1）基本要求

1）钢结构工程施工单位应具备相应的钢结构工程施工资质，施工现场质量管理应有相应的施工技术标准、质量管理体系、质量控制及检验制度，施工现场应有经项目技术负责人审批的施工组织设计、施工方案等技术文件。

2）钢结构工程应严格执行工程质量控制措施。

3）钢结构工程施工质量验收应在施工单位自检基础上，按照检验批、分项工程、分部（子分部）工程进行。

4）分项工程检验批质量合格应符合有关规范的规定。

（2）原材料及产品进场

1）钢材、钢铸件的品种、规格、性能等应符合现行国家产品标准和设计要求。

2）钢板厚度及允许偏差应符合其产品标准的要求。型钢的规格尺寸及允许偏差应符合其产品标准的要求。

3）焊接材料的品种、规格、性能等应符合现行国家产品标准和设计要求。

4）钢结构连接用高强度大六角头螺栓连接副、扭转型高强螺栓连接副、钢网架用高强度螺栓、普通螺栓、铆钉、自攻钉、拉铆钉、射钉、锚栓、地脚螺栓等紧固标准件及螺母、垫圈等标准配件，其品种、规格、性能等应符合现行国家产品标准和设计要求。

（3）钢结构焊接工程

1）碳素结构钢应在焊接冷却到环境温度、低合金结构钢应在完成焊接24小时以后，进行焊缝探伤检验。

2）焊条、焊丝、焊剂、电渣焊熔嘴等焊接材料与母材的匹配应符合设计要求及国家现行行业标准《建筑钢结构焊接技术规程》JGJ 81的规定。焊条、焊剂、药芯焊丝、熔嘴等在使用前，应按其产品说明书及焊接工艺文件的规定进行烘熔和存放。

焊工必须经考试合格并取得合格证书。持证焊工必须在其考试合格项目及其认可范围内施焊。

3）焊缝观感应达到：外形均匀、成型较好，焊道与焊道、焊道与基本金属间过渡较平滑，焊渣和飞溅物基本清除干净。

（4）紧固件连接工程

永久性普通螺栓紧固应牢固、可靠、外露丝扣不应少于2扣。

（5）单层钢结构安装工程

1）单层钢结构安装工程可按变形缝或空间刚度单元等划分成一个或若干个检验批。地下钢结构可按不同地下层划分检验批。

2）钢结构安装检验批应在进场验收和焊接连接、紧固件连接、制作等分项工程验收合格的基础上进行验收。

3）安装的测量校正、高强度螺栓安装、负温度下施工及焊接工艺等，应在安装前进行工艺试验或评定，并在此基础上制定相应的施工工艺或方案。

22. 建筑墙体节能工程施工质量验收的一般要求是什么？

答：建筑墙体节能工程施工质量验收的一般要求包括：

（1）主体结构完成后进行施工的墙体节能工程，应在基层质量验收合格后施工，施工过程中应及时进行质量检查、隐蔽工程验收和检验批验收，施工完成后应进行墙体节能分项工程验收。与主体结构同时施工的墙体节能工程，应与主体结构一同验收。

（2）墙体节能工程当采用外保温定型产品、成套技术时，其型式检验报告中应包括安全性和耐候性检验。

（3）墙体节能工程应对下列部位或内容进行隐蔽工程验收，并应由详细的文字记录和必要的图像资料；保温层附着的基层及其表面处理、保温板粘结或固定、锚固件、增强网铺设、墙体热桥部位处理、预制保温板或预制保温墙板的板缝及构造节点、现场喷涂或浇筑有机类保温材料的界面、被封闭的保温材料厚度、保温隔热砌块填充墙体。

（4）墙体节能工程的保温材料在施工过程中应采取防潮、

防水等保护措施。

（5）用于墙体节能工程的材料、构件和部品等，其品种、规格、尺寸和性能应符合设计要求和相关标准的规定。

（6）严寒和寒冷地区外保温使用的粘结材料，其冻融试验结果应符合该地区最低气温环境的使用要求。

（7）墙体节能工程的施工，应符合下列规定：保温隔热材料的厚度必须符合设计要求；保温板材与基层及各构造层之间的粘结或连接必须牢固，粘结强度和连接方式应符合设计要求，保温板材与基层的粘结强度应做现场拉拔试验；保温浆料应分层施工；当墙体节能工程的保温层采用预埋或后置锚固件固定时，其锚固件数量、位置、锚固深度和拉拔力应符合设计要求。后置锚固件应进行锚固力现场拉拔试验。

（8）严寒和寒冷地区外墙热桥部位，应按设计要求采取节能保温等隔断热桥措施。

23. 建筑墙体节能工程施工质量验收时主控项目验收的要求是什么？

答：建筑墙体节能工程施工质量验收时主控项目验收的要求包括：

（1）用于墙体节能工程的材料、构件等，其品种、规格应符合设计要求和相关标准的规定。检验方法：观察、尺量检查，核查质量证明文件。检验数量：按进场批次，每批随机抽取3个试样进行检查，质量证明文件应按照其出厂检验批进行核查。

（2）使用的保温隔热材料，其导热系数、密度、抗压强度或压缩强度、燃烧性能应符合设计要求。检验方法：核查质量证明文件及进场复验报告。检查数量：全数检查。

（3）对保温材料的导热系数、密度、抗压强度和压缩强度、粘结材料的粘结强度、增强网的力学性能、抗腐蚀性能等进行复验，复验应为见证取样送检。检验方法：随机抽样送检，核查复验报告。检查数量：同一厂家同一品种的产品，当单位工程建筑面积在2万㎡以下时抽查不少于3批,超过2万㎡时,各抽查不少于6次。

(4) 严寒和寒冷地区外墙保温使用的粘结材料,其冻融试验结果应符合该地区最低气温环境的使用要求。检验方法:应全数核查质量证明文件。检查数量:全数检查。

(5) 按照施工组织设计和施工方案的要求,对基层进行处理,处理后的基层应符合保温层施工方案的要求。检验方法:对照施工组织设计和施工方案观察检查;核查隐蔽工程验收记录。检验数量:全数检查。

(6) 各层构造做法应符合设计要求,并应按照经过审批的施工方案施工。

(7) 保温隔热材料的厚度、保温板材和各构造层之间粘结强度和牢靠程度(由现场拉拔试验确定)等符合设计要求。当采用保温浆料做外保温时,保温浆料应分层施工且保温层与各基层之间粘结必须牢固、不应脱皮空鼓和开裂。当保温层采用预埋或后置锚固件固定时,锚固件数量、位置、锚固深度和经现场锚固力拉拔试验的拉拔力应符合设计要求。

(8) 外墙采用预制保温板现场浇筑混凝土墙体时,保温板安装位置应正确、接缝严密,保温板在浇筑混凝土过程中不得移位、变形,保温板表面应采取界面处理措施,与混凝土粘结应牢固。

(9) 当外墙采用保温浆料做保温层时,应在施工中制作同条件养护试件,检测其导热系数、干密度和压缩强度

(10) 墙体节能工程各类饰面层的基层及面层施工,应符合设计和《建筑装饰装修工程质量验收规范》GB 50210 的要求,并符合下列规定:饰面层施工的基层无脱层、空鼓和裂缝,基层应平整、洁净,含水率应符合要求;不宜采用粘贴饰面砖做饰面层;当采用时,其安全性和耐久性必须符合设计要求。饰面粘结强度应作拉拔试验并符合有关规定;外保温工程的饰面层不得渗漏;外墙外保温层及饰面层与其他部位交接的收口

处，应采取密封措施。

（11）保温砌块砌筑的墙体，应采用具有保温性能的砂浆砌筑，砌筑砂浆强度等级应符合设计要求。砌体的水平灰缝饱满度不应低于90%，竖向灰缝饱满度不低于80%。对照设计核查施工方案和砌筑砂浆强度试验报告，用百格网检查灰缝砂浆饱满度，每楼层的每个施工段至少抽查一次，每层抽查5处，每处不少于3个砌块。

（12）采用预制保温墙板现场安装的墙体，应符合下列规定：保温墙板有型式检验报告（应包含安装性能的检验）；保温墙板的结构性能、热工性能及与主体结构的连接方法应符合设计要求，与主体结构连接牢固，保温墙板的板缝处理、构造节点及嵌缝做法应符合设计要求。保温墙板缝不得渗漏，全数核查型式检验报告、出厂检验报告、对照设计观察和淋水试验检查，核查隐蔽工程验收记录。每个检验批抽查5%，并不少于3处。

24. 建筑墙体节能工程施工质量验收时一般项目验收的要求是什么？

答：（1）进场节能保温材料和构件的外观和包装应完整无破损，符合设计要求和产品标准的规定。检验方法：外观检查。检查数量：全数检查。

（2）当采用加强网作为防止开裂的措施时，加强网的铺贴和搭接应符合设计和施工方案的要求，砂浆抹压应密实，不得空鼓，加强网不得皱褶、外露。采用观察检查；核查隐蔽工程验收记录。每个检验批抽查不少于5处，每处不少于$2m^2$。

（3）设置空调的房间，其外墙热桥部位应按设计要求采取隔断热桥措施。采用观察检查；检查隐蔽工程验收记录。按不同热桥种类，每种抽查10%，并不少于5处。

（4）施工产生的墙体缺陷，如穿墙套管、脚手眼、孔洞等，应按照施工方案采取隔断热桥措施，不得影响墙体热工性能，并应对照施工方案全数进行检查。

（5）墙体保温板材接缝方法应符合施工方案要求。保温板接缝应平整严密，通常是通过观测全数进行检查。

（6）墙体采用保温浆料时，保温浆料层宜连续施工，保温浆料厚度应均匀，接茬应平顺严实。通过观察、尺量进行检查，每个检验批抽查10%，并不少于10处。

（7）墙体上容易碰撞的阳角、门窗洞口及不同材料基体的交接处等特殊部位，其保温层应采取防止开裂和破损的加强措施。采用观察检查、核查隐蔽工程验收记录；按不同部位每类抽查10%，并不少于5处。

（8）采用现场喷涂或模板浇筑的有机类保温材料做外保温时，有机类保温材料应达到陈化时间后方可进行下道工序施工。应对照施工方案和产品说明书进行全数检查。

25. 幕墙节能工程、门窗节能工程施工质量验收的要求是什么？

答：（1）幕墙节能工程施工质量验收的要求

1）附着于主体结构上的隔汽层、保温层应在主体结构工程质量验收合格后施工。施工过程应及时进行质量检查、隐蔽工程验收和检验批工程验收，施工完成后应进行幕墙节能分项工程验收。

2）幕墙节能工程施工中应对相关项目进行隐蔽工程验收，并应有详细的文字记录和必要的图像资料。

（2）门窗节能工程施工质量验收的要求

1）建筑门窗进场后，应对其外观、品种、规格及附件进行检查验收，对质量证明文件进行核查。

2）建筑外门窗工程施工中，应对门窗框与墙体接缝处的保温填充做法进行隐蔽工程验收，并应有隐蔽工程验收记录和必要的图像资料。

第二节　工程质量管理的基本知识

1. 工程质量管理的特点有哪些?

答：（1）工程质量的概念

质量就是满足要求的程度。要求包括明示的和隐含的和必须履行的需求和期望。明示的一般是指合同环境中，用户明确提出来的需要或要求，提出是通过合同、标准、规范、图纸、技术文件所作出的明确规定；隐含需要则应加以识别和确定，具体说，一是指顾客的期望，二是指那些人们公认的、不言而喻的、不必做出规定的"需要"，如房屋的居住功能是基本需要。但服务的美观和舒适性则是"隐含需要"。需要是随时间、环境的变化而变化的，因此，应定期评定质量要求，修订规范，开发新产品，以满足变化的质量要求。

（2）建筑工程质量管理的特点

1）影响质量的因素多

工程项目对施工是动态的，影响项目质量的因素也是动态的。项目的不同阶段、不同环节、不同过程，影响质量的因素也各不相同。如设计、材料、自然条件、施工工艺、技术措施、管理制度等，均直接影响工程质量。

2）质量控制的难度大

由于建筑产品生产的单件性和流动性，不能像其他工业产品一样进行标准化施工，施工质量容易产生波动；而且施工场面大、人员多、工序多、关系复杂、作用环境差，都加大了质量管理的难度。

3）过程控制的要求高

工程项目在施工过程中，由于工序衔接多、中间交接多、隐蔽工程多，施工质量有一定的过程性和隐蔽性。在施工质量控制工作中，必须加强对施工过程的质量检查，及时发现和整改存在的质量问题，避免事后从表面进行检查。因为施工过程结束后的事后检查难以发现在施工过程中产生、又被隐蔽了的质量隐患。

4）终检的局限大

建筑工程项目建成后不能依靠终检来判断产品的质量和控制产品的质量；也不可能用拆卸和解体的方法检查内在质量或更换不合格的零件。因此，工程项目的终检（施工验收）存在一定的局限性。所以工程项目的施工质量控制应强调过程控制，边施工边检查边整改，并及时做好检查、认证和施工记录。

2. 建筑工程施工质量的影响因素及质量管理原则各有哪些？

答：影响施工质量的因素主要包括人、材料、设备、方法和环境。对这五方面因素的控制，是确保项目质量满足要求的关键。

（1）人的因素

人作为控制的对象，是要避免产生失误；人作为控制的动力，是要充分调动积极性，发挥人的主导作用。因此，应提高人的素质，健全岗位责任制，改善劳动条件，公平合理地激励劳动热情；应根据项目特点，以确保工程质量作为出发点，在人的技术水平、人的生理缺陷、人的心理行为、人的错误行为等方面控制人的使用；更为重要的是提高人的质量意识，形成人人重视质量的项目环境。

（2）材料的因素

建筑工程材料主要包括原材料、成品、半成品、构配件等。对材料的控制主要通过严格检查验收，正确合理地使用，进行收、发、储、运技术管理，杜绝使用不合格材料等环节来进行控制。

（3）设备的因素

设备包括项目使用的机械设备、工具等。对设备的控制，应根据项目的不同特点，合理选择、正确使用、管理和保养。

（4）方法的因素

方法包括项目实施方案、工艺、组织设计、技术措施等。对方法的控制，主要是通过合理选择、动态管理等环节加以实现。合理选择就是根据项目特点选择技术可行、经济合理、有利于保证项目质量、加快项目进度、降低项目费用的实施方法。动态管理就是在项目管理过程中正确应用，并随着条件的变化不断进行调整。

（5）环境控制

影响项目质量的环境因素包括项目技术环境，如地质、水文、气象等；项目管理环境，如质量保证体系、质量管理制度等；劳动环境，如劳动组合、作业场所等。根据项目特点和具体条件，采取有效措施对影响工程项目质量的环境因素进行控制。

3. 建筑工程施工质量控制的基本内容和工程质量控制中应注意的问题各是什么？

答：所谓项目质量控制，是指运用动态控制原理进行项目的质量控制，即对项目的实施情况进行监督、检查和测量，并将项目实施结果与事先制定的质量标准进行比较，判断其是否符合质量标准，找出存在的偏差，分析偏差形成的原因等一系列活动。

（1）质量控制的内容

1）确定控制对象，例如一道工序、一个分项工程、一个安装工程。

2）规定控制对象，即详细说明控制对象应达到的质量要求。

3）制定具体的控制方法，如工艺规程、控制用图表。

4）明确所采用的检验方法，包括检验手段。

5）实际进行检验。

6）分析实测数据与标准之间产生差异的原因。

7）解决差异所采取的措施、方法。

（2）工程质量控制中应注意的问题

1）工程质量管理不是追求最高的质量和最完美的工程，而是追求符合预定目标的、符合合同要求的工程。

2）要减少重复的质量管理工作。

3）不同种类的项目，不同的项目部分，质量控制的深度不一样。

4）质量管理是一项综合性的管理工作，除了工程项目的各个管理过程以外还需要一个良好的社会质量环境。

5）注意合同对质量管理的决定作用，要利用合同达到对质量进行有效的控制。

6）项目质量管理的技术性很强，但它又不同于技术性工作。

7）质量控制的目标不是发现质量问题，而是提前避免质量问题的发生。

8）注意过去同类项目的经验和教训，特别是业主、设计单位、施工单位反映出来的对质量有重大影响的关键性工作。

4. 质量控制体系的组织框架是什么？

答：质量控制是质量管理的重要组成部分，其目的是为了使产品、体系或过程的固有特性达到要求，以满足顾客、法律、法规等方面所提出的质量要求（即安全性、适用性和耐久性等）。所以，质量控制是通过采取一系列的作业技术和活动对各个过程实施控制。

工程项目经理部是施工承包单位依据施工承包合同派驻工程施工现场全面履行施工合同的组织机构。其健全程度、组织人员素质及内部分工管理水平，直接关系到整个工程质量控制的好坏。组织管理模式可采用智能式、直线型模式、直线-职能型模式和矩阵式四种。由于建筑工程建设实行项目经理负责制，项目经理全权代表施工单位履行施工承包合同，对项目经理全权负责。实践中一般采用直线-职能型组织模式，即项目经理根据实际的施工需要，下设相应的技术、安全、计量等职能机构，项目经理也可以根据实际的施工需要，按标段或按分部工程等下设若干个施工队。项目经理负责整个项目的计划组织和实施及各项协调工作，即使权力集中，权、责分明，决策快速，又有职能部门协助处理和解决施工中出现的复杂的专业技术问题。

施工质量保证体系示意图如图3-1所示。

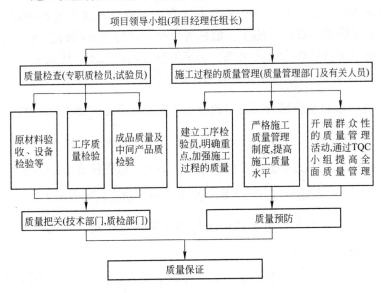

图3-1 施工质量保证体系示意图

5. 建筑工程施工质量问题处理依据有哪些？

答：施工质量问题处理的依据包括以下内容：

（1）质量问题的实况资料。包括质量问题发生的时间、地点；质量问题描述；质量问题发展变化情况；有关质量问题的观测记录、问题现状的照片或录像；调查组调查研究所获得的第一手资料。

165

（2）有关合同及合同文件。包括工程承包合同、设计委托协议、设备与器材的购销合同、监理合同及分包合同。

（3）有关技术文件和档案。主要是有关设计文件（如施工图纸和技术说明）、与施工有关的技术文件、档案和资料（如施工方案、施工计划、施工记录、施工日志、有关建筑材料的质量证明资料、现场制备材料的质量证明材料、质量事故发生后对事故状况的观测记录、试验记录和试验报告等）

（4）相关的建设法规。主要包括《建筑法》、《建筑工程质量管理条例》及与工程质量及工程质量事故处理有关的法规，以及勘察、设计、施工、监理等单位资质管理方面的法规、从业者资格管理方面的法规、建筑市场方面的法规、建筑施工方面的法规、关于标准化管理方面的法规等。

6. 模板分部分项工程的施工质量控制流程包括哪些内容？

答：模板分部分项工程的施工质量控制流程见图3-2所示。

7. 钢筋分部分项工程的施工质量控制流程包括哪些内容？

答：钢筋分部分项工程的施工质量控制流程见图3-3所示。

8. 混凝土等分部分项工程的施工质量控制流程包括哪些内容？

答：混凝土等分部分项工程的施工质量控制流程见图3-4所示。

9. ISO 9000质量管理体系的要求包括哪些内容？

答：（1）质量管理体系说明

质量管理体系能够帮助组织增进顾客满意。顾客要求产品具有满足其需求和期望的特性，这些需求和期望在产品规范中表述，并集中归结为顾客要求。顾客要求可以由顾客以合同方式规定或由组织自己确定，在任一情况下，顾客最终确定产品

166

的可接受性。因为顾客的需求和期望是不断变化的，这就促使组织持续地改进其产品和过程。质量管理体系方法鼓励组织分析顾客要求，规定相关的过程，并使其持续受控，以实现顾客能接受的产品。质量管理体系能提供持续改进的框架，以增加使顾客和其他相关方满意的可能性。质量管理体系还就组织能够提供持续满足要求的产品，向组织及其顾客提供信任。

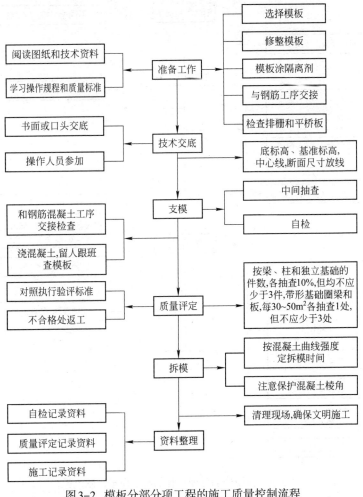

图3-2 模板分部分项工程的施工质量控制流程

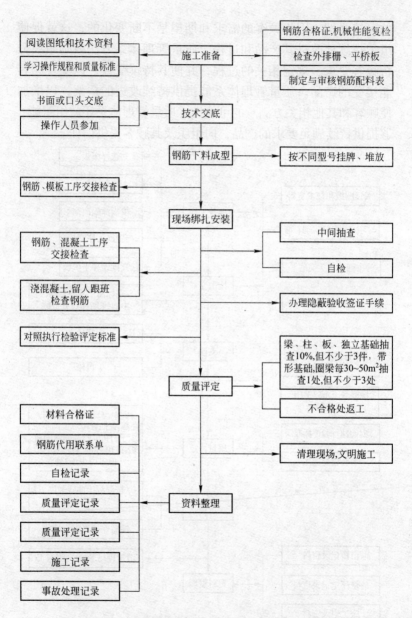

图3-3 钢筋分部分项工程的施工质量控制流程

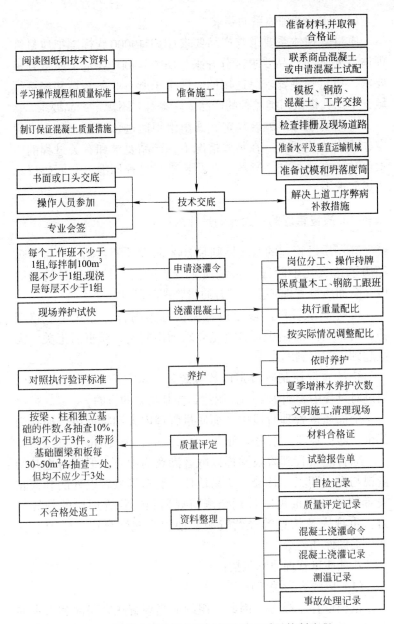

图3-4 混凝土等分部分项工程的施工质量控制流程

（2）质量管理体系的要求

质量管理体系要求与产品要求GB/T 19000族标准把质量管理体系要求与产品要求区分开来。GB/T 19001规定了质量管理要求，质量管理要求是通用的，适用于所有业务领域和经济领域，不论其提供何类品种的产品。它本身并不规定产品要求。

产品要求可由顾客规定，或由组织通过预测顾客的要求规定，或由法规规定。在某些情况下，产品要求和有关过程的要求可包含在诸如技术规范、产品标准、过程标准、合同协议和法规要求中。

10. 质量管理的八大原则是什么？

答：质量管理的八大原则是2000版设计的基础，质量管理经历了这么几个阶段：传统质量管理阶段，统计质量管理阶段，全面质量管理阶段，综合质量管理阶段。

传统质量管理阶段是以检验为基本内容，方式是严格把关，对最终产品是否符合规定要求做出判定，属事后把关，无法起到预防控制的作用。

统计质量控制阶段是以数理统计方法与质量管理的结合，通过对过程中影响因素的控制达到控制结果的目的。

全面质量管理阶段中全面质量管理内容和特征可以概括为三全，即：管理对象是全面的、全过程的、全员的。

综合质量管理阶段同样以顾客满意为中心，但同时也开始重视与企业职工、社会、交易伙伴、股东等顾客以外的利益相关者的关系。重视中长期预测与规划和经营管理层的领导能力。重视人及信息等经营资源，使组织充满自律、学习、速度、柔韧性和创造性。

八项质量管理原则包括：

（1）以顾客为关注焦点

组织依存于顾客。因此，组织应当理解顾客当前和未来的需求，满足顾客要求并争取超越顾客期望。就是一切要以顾客为中心，没有了顾客，产品销售不出去，市场自然也就没有了。所以，无论什么样的组织，都要满足顾客的需求，顾客的需求是第一位的。要了解顾客的需求，这里说的需求，包含顾客明示的和隐含的需求，明示的需求就是顾客明确提出来的对产品或服务的要求，隐含的需求或者说是顾客的期望，是指顾客没有明示但是必须要遵守的，比如说法律法规的要求，还有产品相关标准的要求。另外，作为一个组织，还应该了解顾客和市场的反馈信息，并把它转化为质量要求，采取有效措施来实现这些要求。想顾客之所想，这样才能做到超越顾客期望。

这个指导思想不仅领导要明确，还要在全体职工中贯彻。

（2）领导作用

领导者确立组织统一的宗旨和方向。他们应当创造并保持使员工能充分参与实现组织目标的内部环境作为组织的领导者，必须将组织的宗旨、方向和内部环境统一起来，积极营造一种竞争的机制，调动员工的积极性，使所有员工都能够在融洽的气氛中工作。领导者应该确立组织的统一的宗旨和方向，就是所谓的质量方针和质量目标，并能够号召全体员工为组织的统一宗旨和方向努力。

领导的作用，即最高管理者应该具有决策和领导一个组织的关键作用。确保关注顾客要求，确保建立和实施一个有效的质量管理体系，确保提供相应的资源，并随时将组织运行的结果与目标比较，根据情况决定实现质量方针、目标的措施，决定持续改进的措施。在领导作风上还要做到透明、务实和以身作则。

（3）全员参与

各级人员都是组织之本，只有他们的充分参与，才能够使他们的才干为组织带来收益。全体职工是每个组织的基础。组织的质量管理不仅需要最高管理者的正确领导，还有赖于全员的参与。所以要对职工进行质量意识、职业道德、以顾客为中心的意识和敬业精神的教育，还要激发员工的积极性和责任感。没有员工的合作和积极参与，是不可能做出什么成绩的。

（4）过程方法

将活动和相关的资源作为过程进行管理，可以更高效地得到期望的结果。

"过程"这个词，在标准中的定义是，一组将输入转化为输出的相互关联或相互作用的活动。一个过程的输入通常是其他过程的输出，过程应该是增值的组织为了增值通常对过程进行策划并使其在受控条件下运行。这里的增值不仅是指有形的增值，还应该有无形的增值，比如我们的制造过程，就是将一些原材料经过加工形成了产品，可以想象一下，产品的价格会比原材料的总和要高，这就是增值。这是一个最简单的例子。组织在运转的过程中，有很多活动，都应该作为过程来管理。将相关的资源和活动作为过程进行管理，可以更高效地得到期望的结果。2000版ISO 9000族标准建立了一个过程模式。此模式把管理职责，资源管理，产品实现测量、分析和改进作为体系的四大主要过程，描述其相互关系，并以顾客要求为输入，提供给顾客的产品为输出，通过信息反馈来测定的顾客满意度，评价质量管理体系的业绩。

（5）管理的系统方法

将相互关联的过程作为系统加以识别、理解和管理，有助于组织提高实现目标的有效性和效率。组织的过程不是孤立的，是有联系的，因此，正确地识别各个过程以及各个过程之间的关系和接口，并采取适合的方法来管理。针对设定的目标，识别、理解并管理一个由相互关联的过程所组成的体系，有助于提高组织的有效性和效率。这种建立和实施质量管理体系的方法，既可用于新建体系，也可用于现有体系的改进。此方法的实施可在三方面受益：一是提供对过程能力及产品可靠性的信任；二是为持续改进打好基础；三是使顾客满意，最终使组织获得成功。

（6）持续改进

在过程的实施中不断地发现问题，解决问题，这就会形成

172

一个良性循环。持续改进是组织的一个永恒的目标。在质量管理体系中，改进指产品质量、过程及体系有效性和效率的提高。持续改进包括：了解现状；建立目标；寻找、评价和实施解决办法；测量、验证和分析结果，把更改纳入文件等活动。最终形成一个PDCA循环，并使这个循环不断的运行，使得组织能够持续改进。

（7）基于事实的决策方法

有效决策是建立在数据和信息分析的基础上。组织应该搜集运行过程中的各种数据，然后对这些数据进行统计和分析，从数据中寻找组织的改进点，或者相关的信息，以便于组织作出正确的决策，减少错误的发生。对数据和信息的逻辑分析或直觉判断是有效决策的基础。以事实为依据做决策，可防止决策失误。在对信息和资料做科学分析时，统计技术是最重要的工具之一。统计技术可用来测量、分析和说明产品和过程的变异性，统计技术可以为持续改进的决策提供依据。

（8）与供方互利的关系

组织与供方是相互依存的、互利的关系，可增强双方创造价值的能力。通过互利的关系增强组织及其供方创造价值的能力。供方提供的产品将对组织向顾客提供满意的产品产生重要影响，因此处理好与供方的关系，影响到组织能否持续稳定地提供顾客满意的产品。对供方不能只讲控制不讲合作互利，特别对关键供方，更要建立互利关系，这对组织和供方都有利。

11. 建筑施工企业实施ISO 9000标准的意义是什么？

答：建筑施工企业贯彻ISO 9000质量管理体系标准，适应了我国建立现代企业制度的需要，成了企业质量管理的重要准则。我国正推行现代企业管理制度，使企业真正成为自主经营、自负盈亏、自我发展的经济实体。作为这样一种的经济实体，迫切需要按ISO 9000的要求提高自身素质，这是我国建筑施工企业自身发展、提高产品质量、服务质量的重要基础。

第三节　施工质量计划的内容和编制方法

1. 什么是工程项目质量策划?

答: 工程项目质量策划是工程项目质量管理的一部分,它是指工程项目在质量方面进行规划的活动。质量计划是质量策划的一种体现,质量策划的结果也可以是非书面的形式。质量计划应明确指出所开展的质量活动,并直接或间接通过相应程序或其他文件,指出如何实现这些活动。质量策划致力于质量目标并规定必要的作业过程和相关资源,以实现其质量目标。其中,质量目标是指与质量有关的,所追求的或作为目的的事物,应建立在组织的质量方针基础上。质量计划指规定用于某一具体情况的质量管理体系要素和资源的文件,通常引用质量手册的部分内容或程序文件。国家标准 GB/T 19000:2000 对工程项目策划的定义是:"对特定的项目、产品、过程或合同,规定由谁及何时应使用哪些程序和相关资源的文件。"对工程项目而言,质量计划主要是针对特定的项目所编制的规定程序和相应资源的文件。

组织的质量手册和质量管理体系程序所规定的是各种产品都适用的通用要求和方法。单个种特定产品都有其特殊性,可将其产品、项目或合同的特定要求与现行的通用质量体系程序相联结。通常在质量策划所形成的质量计划中引用质量手册或程序文件中的适用条款。

2. 施工质量计划的作用和内容各有哪些?

答:(1)施工质量计划的作用

施工质量计划是一种工具,它的作用如下:

1)在组织内部,通过建设项目的质量计划,使产品的特殊质量要求能通过有效的措施得以满足,是质量管理的依据。

2)在合同情况下,供方可向顾客证明其如何满足特定合同的特殊质量要求,并作为用户实施质量监督的依据。

（2）施工质量计划的内容

施工质量计划的内容有：质量目标和要求；质量管理组织和职责；所需要的过程、文件和资源的需求；产品（或工程）所要求的验证、确认和监视、检验和试验活动，以及接受准则；必要的记录；所采取的措施等。具体内容如下：

1）应达到的建设项目质量目标，如特性或规范、可靠性、综合指标等。

2）组织实际运作的各过程步骤（可以用流程图等展示过程的各项活动）。

3）在项目的各个不同阶段，职责、权限和资源的具体分配。如果有的建设项目因特殊需要或组织管理的特殊要求，需要建立相对独立的组织机构，有规定相关部门和人员应承担的任务、责任、权限和完成工作任务的进度要求。

4）实施中应采用的程序、方法和指导书。

5）有关阶段（如设计、采购、施工、运行等）适用的试验、检查、检验和评审的大纲。

6）达到质量目标的测量方法。

7）随项目的进展而修改和完善质量计划的程序。

8）为达到质量目标而应采取的其他措施，更新检验测试设备，研究新的工艺方法和设备，需要补充制定的特定程序、方法、标准和其他文件等。

3. 施工质量计划的编制方法和注意事项各是什么？

答：（1）施工质量计划的编制方法

建设工程的质量计划是针对具体项目的特殊要求，以及应重点控制的环节，所编制的对设计、采购、施工安装、试运行等质量控制的方案。编制质量计划，可以是单独一个文件，也可以是有一系列文件组成。质量计划最常见的内容之一是创优计划，包括各种高等级的质量目标、特殊的设施措施等。

开始编制质量计划时，可以从总体上考虑如何保证产品质量，因此，可以是一个带有规划性的较粗的质量计划。随着施工、安装的进展，再相应地编制较详细的质量计划，如施工控制计划、安装控制计划和检验计划等。质量计划应随施工、安装的进度作出必要的调整和完善。

质量计划可以单独编制，也可以作为建设项目其他文件的组成部分，在现行的施工管理体制中，对每一个特定的工程项目需要编写施工组织设计，作为施工准备和施工全过程的指导性文件。质量计划和施工组织设计的相同点是：其对象都是针对某一特定项目，而且均以文件的形式出现。但两者在内容和要求上不完全相同，因此，不能互相替代。但可以将两者有机地结合起来。同时，质量计划应充分考虑与施工方案、施工组织的协调与接口要求。

（2）编制质量计划的注意事项

1）组织管理层应当亲自及时组织指导，项目经理必须亲自主持和组织质量计划的编写工作。

2）可以建立质量计划编制小组。小组成员应具备丰富的知识，有实践经验，善于听取不同意见，有较强的沟通能力和创新精神。当质量计划编制完成后，在公布实施时，小组即可解散。

3）编制质量计划的指导思想是：始终以用户为关注焦点。建立完善的质量控制措施。

4）准确无误地找出关键质量问题。

5）反映征询对质量计划草案的意见。

第四节　工程质量控制的方法

1. 施工准备阶段的质量控制内容与方法有哪些？

答：施工准备阶段的质量控制是指项目正式施工活动开始之前，对项目准备工作即影响质量的各种因素和有关方面的质量控制。施工准备是为了保证施工生产正常进行而必须事先做好的工作。施工准备工作不仅是在工程开工前要做好，而且贯穿于施工过程。施工准备的基本任务就是为施工项目建立一切必要的施工条件，确保施工生产顺利进行，确保工程质量符合要求。

（1）施工技术资料、文件准备的质量控制

1）施工项目所在地的自然条件及技术经济条件调查资料；

2）施工组织设计；

3）国家及政府有关部门颁布的有关质量管理方面的法律法规性文件及质量验收标准；

4）工程测量控制。

（2）设计交底和图纸审核的质量控制

1）设计交底。工程施工前，由设计组织向施工单位有关人员进行设计交底。

2）图纸审核。图纸审核是设计单位和施工单位进行质量控制的重要手段，也是使施工单位通过审查熟悉设计图纸、了解设计意图和关键部位的工程质量要求，发现和减少设计差错，保证工程质量的重要方法。图纸审查包括自审和会审两种方式。内审是指施工单位及项目经理部的图纸审核。会审指施工单位及项目经理部与业主、设计、监理等相关方面的图纸共同审核。

（3）施工分包服务

对各种分包服务选用的控制应根据其规模、对它控制的复杂程度区别对待。一般通过分包合同，对分包服务进行动态控制。

（4）质量教育与培训

通过教育培训和其他措施提高员工的能力，增强质量和顾客意识，使员工满足所从事的质量工作对能力的要求。

2. 施工阶段质量控制的内容及方法包括哪些？

答：施工阶段的质量控制包括如下主要方面：

（1）技术交底

按照工程重要程度，单位工程开工前，应由企业或项目技术负责人组织全面的技术交底。

（2）测量交底

1）对于给定的原始基准点，基准线和参考标高等的测量控制点应做好复核工作，经审核批准后，才能据此进行准确的测量放线。

2）施工测量控制网的复测。准确地测定与保护好场地平面控制网和主轴线的桩位，是整个场地内建筑物、构筑物定位的依据，是保证整个施工测量精度和顺利进行施工的基础。

（3）材料控制

1）对供货方质量保证能力进行评定。

2）建立材料管理制度、减少材料损失、变质。

3）对原材料、半成品、构配件进行标识。

4）材料检查验收。

5）发包人提供的原材料、半成品、构配件和设备。

6）材料质量抽样和检验方法。

（4）机械设备控制

1）机械设备使用形式决策。

2）注意机械配套。

3）机械设备的合理使用。

4）机械设备的保养与维修。

（5）计量控制

施工中的计量工作，包括施工生产时的投料计量、施工生产过程中的检测计量和对项目、产品或过程的测试、检验、分析计量等。

计量工作的主要任务是统一计量单位制度，组织量值传递。保证量值的统一。这些工作有利于控制施工生产工艺过程，促进施工生产技术的发展，提高工程项目的质量。因此，计量是保证工程项目质量的重要手段和方法，亦是施工项目开展质量管理的一项重要基础工作。为了做好计量控制工作，应抓好以下几项工作：

1）建立计量管理部门和配备建立人员；

2）建立健全和完善计量管理的规章制度；

3）积极开展计量意识教育；

4）确保强检计量器具的及时检定；

5）做好自检器具的管理工作。

（6）工序控制

工序控制是产品制造过程的基本环节，也是组织生产过程的基本单位。一道工序，是指一个（或一组）工人在一个工作地对一个（或几个）劳动对象（工程、产品、构配件）所完成的一切连续活动的总和。

（7）特殊和关键过程控制

特殊过程是指建设工程项目在施工过程或工序施工质量不能通过其后的检验和试验而得到验证，或者其验证的成本不经济的过程。如防水、焊接、桩基处理、防腐工程、混凝土浇筑等。

关键过程是指严重影响施工质量的过程。如：吊装、混凝土搅拌、钢筋连接、模板安拆、砌筑等。

（8）工程变更控制

1）严格工程变更程序控制

无论是建设单位或施工企业提出的工程变更，均应由项目监理受理，建设单位审核同意，报请设计单位出具设计变更详图，由施工单位组织施工。

2）严格工程变更的工程量计量与控制

对变更部分工程内容作翔实、客观、准确的记录，对工程量的递减和递增项认真核实计算，并按工程承包合同中约定的原则和方法计量。

3）严格工程变更资料收集归档控制

工程变更资料是工程项目资料的重要组成部分，它是工程造价核算的基础资料之一，也是工程施工作业管理及工程竣工验收的重要依据，应按工程资料归档管理的规定收集和归档保管。

3. 施工过程质量控制点设置原则、种类及管理各包括哪些内容？

答：特殊过程和关键过程是施工质量控制的重点，设置质量控制点就是根据工程项目的特点，抓住这些影响工序施工质量的主要因素。

（1）质量控制点设置原则

1）质量控制点应选择那些技术要求高、施工难度大、对工程质量影响大或者是发生质量问题时危害大的对象进行设置。对工程质量形成过程产生直接影响的关键部位、工序、环节及隐蔽工程。

2）施工过程中的薄弱环节，或者质量不稳定的工序、部位或对象。

3）对下道工序有较大影响的上道工序。

4）采用新技术、新工艺、新材料、新设备的部位或环节。

5）施工质量无把握的、施工条件困难或技术难度大的工序或环节。

6）用户反馈指出的过去有过返工的不良工序。

（2）质量控制点的种类

1）以质量特性值为对象来设置；

2）以工序为对象来设置；

3）以设备为对象来设置；

4）以管理工作为对象来设置。

（3）质量控制点的管理

在操作人员上岗前，施工员、技术员做好交底和记录，在明确工艺要求、质量要求、操作要求的基础上方能上岗，施工中发现问题，及时向技术人员反映，由有关技术人员指导后，操作人员方可继续施工。

为了保证质量控制点的目标实现要建立三级检查制度，即操作人员每日自检一次，组员之间或班长，质量干事与组员之间进行互检；质量员进行专检；上级部门进行抽检。

针对特殊过程（工序）的工程施工及管理能力，应在需要时根据事先的策划及时进行确认，确认的内容包括：施工方法、设备、人员、记录的要求，需要时要进行确认，对于关键过程（工序）也可以参照特殊过程进行确认。

在施工中，如果发现质量控制点有异常，应立即停止施工，召开分析会，找出产生异常的主要原因，并用对策表写出对策。如果是因为技术要求不当，而出现异常，必须重新修订标准，在明确操作要求和掌握新标准的基础上，再继续进行施工，同时还应加强自检、互检的频次。

第五节　施工试验的内容、方法和判定标准

1. 砂浆主要技术性能试验内容、方法和判定标准有哪些？

答：（1）砂浆的主要技术性能

1）流动性。砂浆流动性指砂浆在自重或外力作用下流动的性能，用稠度表示。影响砂浆流动性的因素包括所用胶凝材料种类及数量、用水量、掺合料的种类与数量、砂的形状、粗细与级配、外加剂的种类与掺量、搅拌时间。

2）保水性。保水性指砂浆拌合物保持水分的能力，砂浆的保水性用分层度表示。砂浆的分层度不得大于30mm。

3）抗压强度与强度等级。砂浆的强度用强度等级来表示。砂浆强度等级是以边长为70.7mm的立方体试件，在标准状况下养护28天用标准方法测得的抗压强度值（单位为N/mm^2）确定。

（2）砂浆试块强度的检验与评定

砂浆试样应在搅拌机出料口随机取样制作，一组试样应在同一盘砂浆中取样制作，同一盘砂浆应制作一组试样。

1）砂浆的抽样频率规定

每一楼层或250m³砌体中的各种强度等级的砂浆，每台搅拌机至少应制作一组试块。如砂浆强度等级或配合比变更时，还应制作试块。基础砌体可按一个楼层计。

2）砂浆立方体强度的测定

对于砂浆立方体强度的测定，《建筑砂浆基本性能试验方法标准》JGJ/T 70-2009中作出如下规定：立方体试件以3个为一组进行评定，以三个试件测值的算术平均值的1.3倍作为该组试件砂浆立方体试件抗压强度平均值（精确至0.1MPa）。当三个测值的最大值或最小值中如有一个与中间值的差值超过中间值的15%时，则把最大值和最小值一并舍除，取中间值为该组试件的抗压强度值。如有两个测值与中间值的差值均超过中间值的15%，则该组试件的试验结果无效。

2. 混凝土的技术性能包括哪些方面？

答：（1）混凝土拌合物的和易性

和易性是混凝土拌合物易于施工操作（搅拌、运输、浇筑、捣实）并能获得质量均匀、成型密实的性能，又称工作性。它包括流动性、黏聚性和保水性三项指标。工地上常用坍落度试验来测定混凝土拌合物的坍落度或坍落扩展度，作为流动性指标。坍落度或坍落扩展度越大表示流动性越大。影响混凝土拌合物和易性的主要因素包括单位体积用水量、砂率、组成材料的性质、时间和温度等。单位体积用水量决定水泥浆的数量和稠度，它是影响混凝土和易性的主要因素。砂率是指混凝土中砂的质量占砂、石总质量的百分率。组成材料的性质包括水泥的需水量和泌水性、骨料的特性、外加剂和掺合料的特性等几方面。

（2）混凝土的强度

1）立方体强度。混凝土立方体强度是指制作边长为150mm的立方体试块，在标准状况下养护28天龄期，用标准方法测得的具有95%保证概率的抗压强度值，以C表示，单位为 N/mm² 或 MPa。按立方体抗压强度，混凝土可分为 C15、C20、C30、C35、C40、C45、C50、C55、C60、C65、C70、C75、C80 等 14 个等级。

2）混凝土的抗压强度。通常是指混凝土棱柱体的抗压强度，它是在与立方体试块同等条件下制作的混凝土棱柱体，通过对照测试，得到二者稳定换算关系后得到的棱柱体抗压强度。

3. 混凝土试验见证内容及检测报告的内容有哪些？

答：工地质检员同建设单位驻工地代表（有工程监理的工程由监理工程师）在现场按规定的数量随机抽取水泥、砂子、石子，并一同送检测中心做配合比。混凝土配合比应根据设计图纸要求的不同强度等级和品种，按施工进度需要分别做配合比试验。结构混凝土强度等级必须符合设计要求。用于检查结构构件混凝土强度等级的试件，应在混凝土的浇筑地点随机抽取。

试件的留置应符合下列规定：

1）每拌制 100 盘且不超过 100m³ 同配合比的混凝土，其取样不得少于一次。

2）每个工作班拌制的同配合比的混凝土不足 100 盘时，其取样不得少于一次。

3）对现浇混凝土结构，其试件的留置尚应符合以下的要求：

① 每一现浇楼层同配合比的混凝土，其取样不得少于一次；

② 同一单位工程每一验收项目中同配合比的混凝土，其取样不得少于一次；

③ 每次取样至少留置一组试件，同条件养护试件的留置组数，可根据实际需要确定；

④ 当一次连续浇筑超过 1000m³ 时，同一配合比的混凝土每 200m³ 取样不得少于一次。

4. 计量管理制度、计量精确控制措施的内容各有哪些?

答：（1）计量器具的管理制度

各种衡器应定期校验（由工程所在地的技术监督局下设的计量所校验），在工地每次试验前应进行零点校核（由工地专职计量员进行），以确保衡器的精确度。

每次用完后工地专职计量员应用干净的抹布把衡器擦拭干净后覆盖防水罩套；每遇雨天或含水率有显著变化时，质检员应增加粗、细骨料含水量的检验次数，并及时调整配合比。

（2）计量精确度控制措施

为保证砂浆配合比和混凝土配合比原材料的每盘称量的精确度，坚决采用重量比，严禁采用体积比，并一律采用机械搅拌，搅拌时间每盘不得少于120秒。其每盘称量的允许偏差对砂浆配合比细骨料为±4%,其他均为±3%；对于混凝土配合比除骨料为±3%以外，其余为±2%。

5. 混凝土的检验批怎样划分? 其质量怎样判定?

答：（1）混凝土强度检验评定的检验批的划分

混凝土强度应分批进行检验评定，一个检验批的混凝土应由强度等级相同、生产工艺条件和配合比基本相同的混凝土组成。

（2）混凝土取样

混凝土的取样应在混凝土浇筑地点随机取样，预拌混凝土的取样执行《预拌混凝土》GB/T 14902的规定。

试件的取样频率和数量应符合下列规定：每100盘，但不超过100m³的混凝土配合比混凝土，取样次数不应少于1次；每一工作班（8小时）拌制的同配合比混凝土不足100盘和100m³时其取样次数不少于一次；当一次连续浇筑超过1000m³时，每200m³取样不少于一次；对房屋建筑，每一楼层、同一配合比的混凝土，取样不应少于一次；每组3个试样应同一盘或同一车中混凝土取样的混凝土配合比混凝土制作。

混凝土的取样制作，除满足混凝土强度评定所必须的组数外，还应留置检验结构或构件施工阶段混凝土强度所必需的试件。

（3）混凝土试块的制作与养护

1）制作规定。每次取样应至少制作一组标准养护的试件。每组3个试件应由同一盘或同一车中的混凝土中取样制作。

2）养护规定。采用蒸汽养护的构件，其试验应先随构件同条件养护，然后应留置于标准养护条件下继续养护，两段养护时间的总和应为设计规定的龄期。

（4）混凝土强度检验评定方法

混凝土强度的分布规律，不但与统计对象的生产周期和生产工艺有关，而且与统计整体的混凝土配制强度和试验龄期有关，大量的统计分析和试验研究证明，同一等级的混凝土，在龄期相同、生产工艺和配合比基本一致的条件下，其强度的概率分布可用正态分布来描述。对大量、连续生产的混凝土，以及用于评定的样本容量不少于10组时，应按统计方法确定。对于小量或零星生产混凝土的强度，当用于评定的样本容量少于10组时，应按非统计方法评定。

（5）混凝土强度检验评定不合格的处理

对评定不合格批的混凝土，应进行鉴定。可采用从结构或构件中钻取试件的方法或非破损的检验方法，对混凝土的强度进行检验，作为混凝土强度处理的依据。

6. 钢筋试验内容、方法和判定标准各有哪些？

答：（1）钢筋的分类与牌号

热轧带肋钢筋通常在其表面扎有牌号标志，还依次扎有经注册的厂名（或商标）和公称直径毫米数字。钢筋牌号以阿拉伯数字或阿拉伯数字加英文字母表示。HRB335、HRB400、HRB500分别以3、4、5表示，HRBF335、HRBF400、HRBF500

分别以C3、C4、C5表示。厂名以汉语拼音字头表示。公称直径毫米数以阿拉伯数字表示。对于公称直径不大于10mm的钢筋，可不轧制标志，可采用挂标牌的方法。

热轧光圆钢筋按屈服强度特征值分为235、300级。钢筋牌号的构成及其含义见表3-1所示。

钢筋牌号的构成及其含义 表3-1

类别	牌号	牌号构成	英文字母含义
热轧光圆钢筋	HPB235	由HPB+屈服强度特征值构成	HPB—热轧光圆钢筋的英文缩写
	HPB300		
普通热轧带肋钢筋	HRB335	由HRB+屈服强度特征值构成	HRB—热轧带肋钢筋的英文缩写
	HRB400		
	HRB500		
细晶类热轧钢筋	HRBF335	由HRBF+屈服强度特征值构成	HRBF—热轧带肋钢筋的英文缩写后加"细"的英文Fine的首字母
	HRBF400		
	HRBF500		

有较高要求的抗震结构适用的钢筋牌号为在已有带肋钢筋牌号后加E（如HRB400E、HRBF400E）的钢筋。

（2）技术要求

钢筋的性能主要包括力学性能和工艺性能。其中力学性能是钢材最重要的使用性能，包括拉伸性能、冲击性能、疲劳性能等。工艺性能表示钢筋在各种加工过程中的行为，包括弯曲性能和焊接性能。为了节省篇幅这里不再详述各类钢筋的技术要求。

（3）钢筋的取样

1）对进场的钢筋首先进行外观检查，核对钢筋出厂的检验报告（代表数量）、合格证、成捆筋的标牌、钢筋上的标识，同时对钢筋的直径、肋高等进行检查，表面质量不得有裂痕、结疤、折叠、凹块和凹陷。外观检查合格后进行见证取样复试。

2）取样方法。拉伸、弯曲试样，可在每批材料或每盘中任选两根钢筋距端头500mm处截取。拉伸试样直径R6.5～20mm，长度为300～400mm，弯曲试样长度为250mm；直径R25～32mm的试样长度350～450mm，弯曲试样长度300mm。取样在监理工程师见证下进行，取样两组，一组送样，一组封样保存。

3）批量。同一厂家、同一牌号、同一规格、同一炉罐号、同一交货状态每60吨为一验收批。不大于60吨为一批在每批材料中任选两根钢筋从中切取。拉伸两根40cm；弯曲两根150cm+5d(d为钢筋直径)。

7. 钢筋连接的试验内容、方法和判定标准有哪些？

答：（1）钢筋连接方法

钢筋连接方法如图3-5所示。

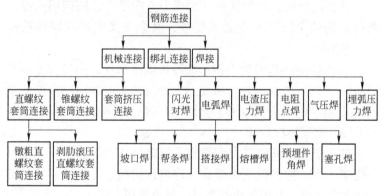

图3-5　钢筋连接方法框图

（2）钢筋连接适用范围

1）热轧钢筋接头

热轧钢筋接头应符合设计要求，当设计无规定时，应符合下列规定：

①钢筋接头宜采用焊接接头或机械连接接头。

②钢筋接头应优先选择闪光对焊。焊接接头应符合现行行业标准《钢筋焊接及验收规程》JGJ 18的有关规定。

③机械连接接头适用于HRB335级和HRB400级带肋钢筋的连接。机械连接接头应符合现行行业标准《钢筋机械连接通用技术规程》JGJ 107的有关规定。

④当普通混凝土中钢筋直径等于或小于22mm时，在无焊接条件时，可采用绑扎连接，但受拉构件中的主筋不得采用绑扎连接。

⑤钢筋骨架和钢筋网片的交叉点焊接宜采用电阻点焊。

⑥钢筋与钢板的T形连接，宜采用埋弧压力焊或电弧焊。

2）钢筋网片电阻点焊

钢筋网片采用电阻点焊应符合下列规定：

①当钢筋网片的受力钢筋为HRB335级钢筋时，如焊接网片只有一个方向受力，受力主筋与两端的两根横向箍筋的全部交叉点必须焊接；如焊接网片为两个方向受力，则四周边缘的两根钢筋的全部交叉点必须焊接，其余交叉点可间隔焊接或绑、焊相间。

②当焊接网片的受力钢筋为冷拔低碳钢丝，而另一方向的钢筋间距小于100mm时，除受力主筋与两端两根横向箍筋的全部交叉点必须焊接外，中间部分的焊点距离可增大至250mm。

（3）钢筋连接取样

对于框架柱纵向受力钢筋宜采用电渣压力焊做法，要求每一楼层（每一检验批）都要做一次取样送检，做抗拉、抗弯的力学性能试验，并按使用的型号、规格分别来做。

对于钢筋的闪光对接焊以同一台班、同一焊工完成的300个同级别、同直径的钢筋焊接接头作为一批，若不足300个接头，则宜按一批。

对于钢筋电弧焊（搭接焊、绑条焊），以同钢筋级别、同接头类型不大于300个接头为一批，不足300个仍为一批。

对于机械连接，在同一施工条件下采取同一批材料的同型式、同规格不超过500个接头为一批，当现场检验连续10个验收批抽样合格率为100%，验收批数量可为1000个接头（现场安装同一楼层不足500个或1000个接头时仍按一批)。

焊接试件的送检,应由建设单位驻工地代表随机见证取样送检测中心试验;钢结构焊接由加工单位配合建设单位驻工地代表见证取样送检或进行超声波检验及射线检验。

试验报告由施工员存档。焊条(剂)合格证由钢筋班组负责提供,现场施工员保存归档。

8. 土方工程质量验收的内容有哪些?

答:(1)土方开挖施工及其质量验收

1)一般规定

土方工程施工前应进行挖、填方的平衡计算,综合考虑土方运距最短、运程合理和各个工程项目合理施工程序等,做好土方平衡调配,减少重复挖运。

2)土方开挖前应检查定位放线,排水和降低地下水位系数,合理安排土方运输车队行走路线及弃土场。

施工过程中应检查平面位置、水平标高、边坡坡度、压实度、排水、降低地下水系统,并随时观测周围的环境变化。临时性挖方的边坡值应符合规范的规定。

3)质量检验标准应符合现行国家标准《建筑地基基础工程施工质量验收规范》GB 50202的要求。

4)天然地基基础基槽检验要点

①基槽开挖后,应检验下列内容:核对基坑的位置、平面尺寸、坑底标高;核对基坑土质和地下水情况;空穴、古墓、古井、防空掩体及地下埋设物的位置、埋深、性状。

②在进行直接观察时,可用袖珍式贯入仪作为辅助手段。

③遇下列情况之一时,应在基坑底普遍进行轻型动力触探:持力层明显不均匀;浅部有软弱下卧层;遇有浅埋的坑穴、古墓、古井等,直接观察难以发现时;有勘察设计报告和设计文件规定应进行轻型动力触探时。

④采用轻型动力触探进行基槽检验时,检验深度及间距应

符合规范要求。

⑤与下列情况时可不进行轻型动力触探：基坑不深处有承压水层，触探可造成冒水涌砂时；持力层为砾石或卵石层，且其厚度符合设计要求时。

⑥基槽检验应填写验槽记录或检验报告。

（2）土方回填质量验收

1）一般规定

①土方回填前应清除基底垃圾、树根等杂物，抽除空穴积水、淤泥，验收基底标高。如在耕植土或松土上填方，应在基底压实后再进行。

②对填方土料应按设计要求验收后方可填入。

③填方施工过程中应检查排水措施，每层填筑厚度、含水率控制、压实程度。填筑厚度及压实遍数应根据土质、压实系数及所用机具确定。

2）质量检验标准

填方施工结束后，应检查标高、边坡坡度、压实程度等，检查标准应符合规范的具体规定。

（3）基坑工程质量验收

一般规定：

①在基坑（槽）或管沟工程开挖施工中，现场不宜进行放坡开挖，当可能对邻近建筑（构筑）物、地下管线、永久性道路产生危害时，应对基坑（槽）、管沟支护后再开挖。

②基坑（槽）或管沟工程开挖前应做好以下工作：应根据支护结构形式、挖深、地质条件、施工方法、周围环境、工期、气候和地面荷载等资料制定施工方案、环境保护措施、检测方案、经审批后方可进行施工。

9. 建筑桩基础试验内容、方法和判定标准有哪些？

答：（1）桩位放样允许偏差为：群桩20mm；单排桩10mm。

（2）打（压）入桩（预应力混凝土方桩、先张法预应力管桩、钢桩）的桩位偏差，必须符合现行国家标准《建筑地基基础工程施工质量验收规范》GB 50202的规定。斜桩倾斜度的偏差不得大于倾斜角正切值的15%（倾斜角系桩的纵向中心线与铅垂线间的夹角）。

（3）混凝土灌注桩施工中应对成孔、清渣、放置钢筋笼、灌注混凝土等进行全过程检查，人工挖孔桩尚应复验孔底持力层土（岩）性。嵌岩桩必须具有桩端持力层的延性报告。

（4）混凝土灌注桩施工结束后，应检查混凝土强度，并应做桩体质量及承载力检验。

10. 屋面及防水工程的施工质量验收的一般规定有哪些？

答：（1）屋面工程应根据建筑物的性质、重要程度、使用功能要求以及防水层合理使用年限，按不同等级进行设防。

（2）屋面工程应根据工程特点、地区自然条件等，按照屋面防水等级的设防要求，进行防水构造设计，重要部位应有详图；对屋面保温层的厚度，应通过计算确定。

（3）屋面工程施工前，施工单位应进行图纸会审，并应编制屋面工程施工方案或技术措施。

（4）屋面工程施工时，应建立各道工序的自检、交接检和专职人员检查的"三检"制度，并有完整的检查记录。每道工序完成，应经监理单位（或建设单位）检查验收，合格后方可进行下道工序施工。

（5）屋面工程的防水层应由经资质审查合格的防水专业队伍进行施工。作业人员应当持有当地建设行政主管部门颁发的上岗证。

（6）屋面工程所采用的防水、隔热材料应有产品合格证书和性能检测报告；不合格的材料，不得在屋面工程中使用。

（7）当下道工序或相邻工程施工时，对屋面已完成的部分应采取保护措施。

（8）伸出屋面的管道、设备或预埋件等，应在防水层施工前安设完毕。屋面防水层完工后，不得在其上凿孔打洞或重物冲击。

（9）屋面工程完工后，应按《屋面工程施工质量验收规范》的规定对细部构造、接缝、保护层等进行外观检验，并应进行淋水和蓄水检验。

（10）屋面的保温层和防水层严禁在雨天、雪天或五级及以上时施工。施工环境气温宜符合规范要求。

（11）屋面工程各子分部工程和分项工程的划分，应符合规范的规定。

（12）屋面工程各分项工程的施工质量检验批量应符合下列规定：

1）卷材防水屋面、涂膜防水屋面、刚性防水屋面、瓦屋面和隔热层屋面工程，应按屋面面积每100m²抽查一处，每处10m²，且不得少于3处。

2）接缝密封防水，每50m应抽查一处，每处5m，且不得少于3处。

3）细部构造根据分项工程的内容，应全部进行检查。

11. 房屋结构实体检测的内容、方法包括哪些内容？

答：（1）对于涉及混凝土结构安全的重要部位，应进行结构实体检验，结构实体检验应在监理工程师（建设单位项目技术负责人）见证下，由施工项目技术负责人组织实施，承担结构实体检验的试验室应具有相应的资质。

（2）结构实体检验的内容应包括混凝土强度、钢筋保护层厚度以及工程合同约定的项目，必要时可检验其他项目。

（3）对混凝土强度的检验，应以在混凝土浇筑地点制备，并与结构实体同条件养护的试件强度为依据，混凝土强度检验用同条件养护试件的留置、养护和强度代表值，均应符合《混凝土强度检验评定标准》的规定。对混凝土强度的检验也可以根据合同约定，采用非破损或局部破损的方法、按国家现行有关标准的规定进行。

（4）当同条件养护的试件强度检验结果符合现行国家标准《混凝土强度检验评定标准》GB 50107规定时，混凝土强度应判为合格。

（5）对钢筋保护层厚度的检验，抽样数量、检验方法、允许偏差和合格条件应符合现行国家标准《混凝土强度检验评定标准》GB 50107的规定。

（6）当未能取得同条件养护试件强度，同条件养护试件强度被判为不合格或钢筋保护层厚度不满足要求时，应委托具有相应资质等级的检测机构，按国家有关标准的规定进行检测。

（7）结构实体检验用同条件养护试件强度检验。

（8）结构实体钢筋保护层厚度检验的结构部位应符合国家标准的规定；对选定的梁类、板类等构件应分别进行检验；钢筋保护层厚度的检验，可以采用非破损或局部破损的方法进行；也可采用非破损方法检验、局部破损的方法校验。

第六节　工程质量问题的分析、预防及处理方法

1. 施工质量问题如何分类及识别？

答：（1）施工质量问题基本概念

1）质量不合格。根据《质量管理体系　要求》GB/T 19001的规定，凡工程产品没有满足某个预期使用要求或合理的期望（包括安全性方面）要求，称为质量缺陷。

2）质量问题。凡是工程质量不合格，必须进行返修、加固或报废处理，由此造成直接经济损失低于规定限额的称为质量问题。

3）质量事故。凡是工程质量不合格，必须进行返修、加固或报废处理，由此造成直接经济损在限额以上的称为质量事故。

（2）质量问题分类

由于施工质量问题具有复杂性、严重性、可变性和多发性的特点，所以建设工程施工质量问题的分类有多种分法，通常有以下几种分类。

1）按问题责任分类

① 指导责任。由于工程实施指导或领导失误而造成的质量问题。例如，由于工程负责人错误指令，导致某些工序质量下降出现的质量问题等。

② 操作责任。在施工过程中，由于实际操作者不按规程和标准实施操作而造成的质量问题。例如，在浇筑混凝土时由于振捣疏忽有漏振情况发生造成混凝土质量不符合规范要求等。

③ 自然灾害。由于突发的自然灾害和不可抗力造成的质量问题。例如地震、台风、暴雨、大洪水等对工程实体造成的损坏。

2）按质量问题产生的原因分类

① 技术原因引发的质量问题。在工程项目实施中，由于设计、施工技术上的失误而造成的质量问题。

② 管理原因引发的质量问题。管理上的不完善或失误引发的质量问题。

③ 社会、经济原因引发的质量问题。由于经济因素及社会上存在的弊端和不正之风引起建设中错误行为，而导致出现质量问题。

（3）质量问题的识别

根据相关分部分项工程或检验批的质量评定标准和质量验收规范，对相应的施工工作内容进行检验和验收，结合施工过程中的观察和收集的资料以及隐蔽工程验收记录等对需要检查验收的工程内容，与设计要求、规范规定进行对比，发现质量问题的种类、严重性程度和数量，依据国家规范、评定标准的要求进行评判，识别确定质量问题的性质和类别。

2. 建筑工程中常见的质量问题有哪些？

答：建筑工程施工项目中的质量问题（通病）有：

（1）地基基础工程中的质量通病

1）地基不均匀下沉；

2）预应力混凝土管桩桩身断裂；

3）挖土塌方；

4）基坑（槽）回填土沉陷。

（2）地下防水工程中的质量通病

1）防水混凝土结构裂缝、渗水；

2）卷材防水层空鼓；

3）施工缝渗漏。

（3）砌体工程中的质量通病

1）小型空心砌块填充墙裂缝；

2）砌体砂浆饱满度不符合要求；

3）砌体标高、轴线尺寸偏差；

4）砖墙与构造柱连接不符合要求；

5）构造柱混凝土出现蜂窝、孔洞和露筋；

6）填充墙与梁、板结合处开裂。

（4）混凝土结构工程中的质量通病

1）混凝土结构裂缝；

2）混凝土保护层不符合规范要求；

3）混凝土墙、柱间边轴线错位；

4）模板钢管支撑不当导致结构变形；

5）滚轧直螺纹钢筋接头不规范；

6）混凝土不密实，存在蜂窝、麻面、孔洞现象。

（5）楼地面工程中的质量通病

1）混凝土、水泥楼（地）面收缩、空鼓、裂缝；

2）楼梯踏步阳角开裂脱落，尺寸不一致；

3）卫生间地面渗漏水；

4）底层地面沉陷。

（6）装饰工程中的质量通病

1）外墙面砖空鼓、松动脱落、开裂、渗漏；

2）门窗变形、渗漏、脱落；

3）栏杆高度不够、间距过大、连接固定不牢、耐久性差；

4）抹灰表面不平整、立面不垂直、阴阳角不方正。

（7）屋面工程中的质量通病

1）水泥砂浆找平层开裂；

2）找平层起鼓、起皮；

3）屋面防水层渗漏；

4）细部构造渗漏；

5）涂膜出现粘结不牢、脱皮、裂缝等现象。

（8）建筑节能工程中的质量通病

1）外墙隔热保温层开裂；

2）有保温层的外墙饰面砖空鼓、脱落。

3. 施工质量问题产生的原因有哪些方面？

答：施工质量问题产生的原因大致可以分为以下四类：

（1）技术原因

由于工程项目设计、施工技术上的失误所造成的质量问题。例如，结构设计时由于地勘资料的不准确、不完整，以至于设计与地下实际情况差异较大，施工单位准备采用的施工方法和手段不能正常采用和发挥作用等。

（2）管理原因

由于管理上的不完善和疏忽造成的工程质量问题。例如，施工单位或监理单位质量管理体系不完善，检验制度不严密，质量控制不严格，质量管理措施落实不力，检测仪器管理不善而失准，以及材料检验不严格等原因引起的质量问题。

（3）社会、经济原因

由于经济因素及社会上存在的弊端和不正之风，造成建设中的错误行为，而导致出现质量问题。例如，施工企业采取了恶性竞争手段以不合理的低价中标，项目实施中为了减少损失或赢得高额利润而采取的不正当手段组织施工，如降低材料质量等级、偷工减料等原因造成工程质量达不到设计要求等。

（4）人为的原因和自然灾害原因

由于人为的设备事故、安全事故，导致连带发生质量问题，以及严重的自然灾害等不可抗力造成的质量问题。例如，由于混凝土振动器出现问题，导致混凝土振捣密实程度和均匀程度达不到设计要求而引起的质量问题；如突发风暴引起的工程质量问题等。

4. 施工质量问题处理的程序和方法各是什么？

答：（1）施工质量问题处理的一般程序

施工质量问题处理的一般程序为：

发生质量问题→问题调查→原因分析→处理方案→设计施工→检查验收→结论→提交处理报告。

（2）施工质量问题处理的方法

1）施工质量问题发生后，施工项目负责人应按规定的时间和程序，及时向企业报告状况，积极组织调查。调查应力求及时、客观、全面，以便为分析处理问题提供正确的依据。要将调查结果整理撰写为调查报告，其主要内容包括：工程概况；问题概括；问题发生所采取的临时防护措施；调查中的有关数据、资料；问题原因分析与初步判断；问题处理的建议方案与措施；问题涉及人员与主要责任者的情况等。

2）施工质量问题的原因分析要建立在调查的基础上，避免情况不明就主观推断原因。特别是对涉及勘察、设计、施工、材料和管理等方面的质量问题，往往原因错综复杂，因此，必须对调查所得到的数据、资料进行仔细的分析，去伪存真，找出主要原因。

3）处理方案要建立在原因分析的基础上，并广泛听取专家及有关方面的意见，经科学论证，决定是否进行处理和怎样处理。在制定处理方案时，应做到安全可靠，技术可行，不留隐患，经济合理，具有可操作性，满足建筑功能和使用要求。

（3）施工质量问题处理的鉴定验收

质量问题的处理是否达到预期的目的，是否依然存在隐患，应当通过检查鉴定作出确认。质量问题处理的质量检查鉴定，应严格按施工质量验收规范和相关的质量标准的规定进行，必要时还要通过实际测量、试验和仪器检测等方面获得必要的数据，以便正确地对事故处理结果作出鉴定。此外需要强调的是施工质量问题处理中应注意的价格问题。

第四章 专业技能

第一节 参与编制施工项目质量计划

1. 怎样划分土建工程中的分项工程、检验批?

答: (1) 分项工程

分项工程应按主要工种、材料、施工工艺、设备类别等进行划分。分项工程可由一个或若干个检验批组成。如主体结构的混凝土结构子分部工程中有模板、钢筋、混凝土、预应力、现浇结构、装饰结构等一些分项工程。

(2) 检验批可根据施工、质量控制和专业验收需要,按工程量、楼层、施工段、变形缝等进行划分。检验批是工程质量正常验收过程中的最基本单元。分项工程划分为检验批验收有助于及时纠正施工中出现的问题,确保工程质量,也符合施工实际需要。根据检验批划分原则,通常多层及高层建筑工程中主体部分的分项可按楼层或施工段来划分检验批,单层建筑中可按变形缝等划分检验批。

2. 土建工程中分项工程质量控制计划的内容有哪些?

答: 土建工程的分项工程质量控制计划包括的内容有:

分项工程是分部工程的重要组成部分,其质量计划的内容形式与单位工程的质量计划基本相同,只是针对性更强,内容更具体。分部工程质量计划一般包含以下几个方面的内容:编制依据、工程概况、质量总目标及分解目标、质量管理组织机构和职责、施工准备及资源配置计划;施工工艺与操作方法的技术措施和施工组织措施;施工质量检验、检测、试验工作、明确检验批质量验收标准,加强验收管理、质量记录等。

3. 模板分项工程的质量控制内容有哪些？

答：（1）模板质量控制点

1）模板的安装就位；

2）模板的强度、刚度；

3）模板支架的稳定性。

（2）混凝土工程质量控制措施

1）原材料质量控制。混凝土结构模板可用木模板、钢模板、铝合金模板、木胶合板模板、竹胶合板模板、塑料和玻璃钢模板等。常用的模板主要有木模板、钢模板、竹胶合板模板等。模板材料选用应符合现行行业标准《建筑施工模板安全技术规范》JGJ 162的要求。

2）模板安装工程质量控制

① 施工前应对模板和支架的设计、制作、安装和拆除等全过程编制详细的施工方案，并附设计计算书。模板及其支架应该具有足够的承载能力、刚度和稳定性。能够可靠地承受浇筑混凝土的重量、侧压以及施工荷载，对于达到一定规模的模板工程，还应根据建设部《危险性较大的分部分项工程安全管理办法》进行专家论证。

② 墙柱模板安装时应先弹好建筑轴线、楼层的墙身线、门窗洞口位置线（楼层50线）。施工过程中应随时检查测量、放样、弹线工作是否按施工技术方案进行，并进行复核记录。

③ 模板及其支架使用的材料规格尺寸，应符合模板设计要求。

④ 安装模板前应把模板板面清理干净，刷好隔离剂（不允许在模板就位后刷隔离剂、防止污染钢筋及混凝土接触面。隔离剂应涂刷均匀，不得漏刷）。

⑤ 一般情况下，模板自下而上安装。在安装过程中要注意模板的稳定，设临时支撑稳住模板，安装完毕且校正无误后方可固定牢固。安装过程中要多检查、注意垂直度、中心线、标

高及各部分尺寸，保证结构部分的几何尺寸和相对位置准确。

⑥合模前检查钢筋、水电预埋管件、门窗洞口模板、穿墙套管是否遗漏，位置是否准确，安装是否牢固，削弱断面是否过多等。模板的接缝应严密不漏浆。在浇筑混凝土前，木模板应浇水湿润，但模板内不应有积水。

⑦为防止墙柱模板下口跑浆，安装模板前应抹好砂浆找平层，但找平层不能伸入墙（柱）身内。

⑧防渗（水）混凝土墙使用的对拉螺栓或拉片应有防水措施。

⑨泵送混凝土的模板要求与常规不同，必须经过混凝土侧压力计算，采取增强模板支撑，将对拉螺栓加密、截面加大，减少围楞间距或增大围楞截面等措施，防止模板变形。

⑩安装现浇结构的上下层模板及其支架时，下层楼板应具有承受上层荷载的承载能力或架设支架支撑，确保有足够的刚度和稳定性；多层楼板支架系统的立柱应上下对齐，安装在同一条直线上。

⑪检查防止模板变形的措施。基础模板为防止变形，必须支撑牢固；墙和柱模板下端要做好定位基准；墙柱与梁板同时安装时，应先安装墙柱模板，再在其上安装梁模板。当梁、板跨度大于等于4m时，梁、板应按设计起拱；当设计无具体要求时，起拱高度宜为跨度的0.1%～0.3%。

⑫检查模板的支撑体系是否牢固可靠。模板及支撑系统应连接成整体，竖向结构模板（墙、柱等）应加设斜撑和剪刀撑，水平结构（梁、板等）应加强支撑系统的整体连接，对木支撑纵横方向应加拉杆；采取钢管支撑时，应扣成整体排架。所有可调节的模板及其支撑系统在模板验证后，不得任意改动。

⑬模板与混凝土接触面应清理干净并涂刷隔离剂，严禁隔离剂污染钢筋和混凝土接茬处。混凝土浇筑前，检查模板内的杂物是否清理干净。

⑭模板安装完后，应检查梁、柱、板交叉处，楼梯间墙面

间隙接缝处等，防止漏浆、错台现象。办理完模板工程预验收，方准浇筑混凝土。

⑮模板安装和浇筑混凝土时，应对模板和支架进行维护。发生异常情况时，应按施工技术方案及时进行处理。模板及其支架拆除的顺序及安全措施按技术方案执行。

4. 脚手架分项工程的质量控制内容有哪些？

答：脚手架分项工程的质量控制内容有：

根据脚手架施工方法及工艺要求，按脚手架的搭设和拆除两个方面考虑。

（1）脚手架的搭设方面包括：

1）脚手架搭设的总体要求应符合规范和施工规程要求；

2）确定脚手架搭设顺序应合理。

3）各部位构件的搭设技术要点及搭设时的注意事项应能满足搭设施工要求和安全的需要。

（2）脚手架的拆除方面包括：

1）拆除作业应按搭设的相反手续自上而下逐层进行，严禁上下同时作业。

2）每层连墙件的拆除，必须在其上全部可拆杆件全部拆除以后进行，严禁先松开连墙杆，再拆除上部杆件。

3）凡已松开连接的杆件必须及时取出、放下，以避免作业人员疏忽误靠引起危险。

4）拆下的杆件、扣件和脚手板应及时吊运至地面，禁止自架上向下抛掷。

第二节　土建工程中主要材料的质量

1. 怎样检查评价混凝土原材料的质量？

答：（1）主控材料

1）水泥进场时应对品种、级别、包装或散装仓号、出厂日期等进行检查，并对其强度、安定性及其他必要的性能指标进行复验，其质量必须符合现行国家标准《通用硅酸盐水泥》GB175等的规定。

当在使用中对水泥质量有怀疑或水泥出厂超过三个月（快硬性水泥超过一个月）时，应进行复验，并按复验结果使用。

钢筋混凝土结构、预应力混凝土结构中，严禁使用含氯化物的水泥。

检查方法：检查产品出厂合格证、出厂检验报告和进场复验报告。检查数量：按同一生产厂家、同一等级、同一品种、同一批号且连续进场的水泥，袋装不超过200t为一批，散装为500t为一批，每批抽样不少于一次。

2）混凝土中掺用外加剂的质量及应用技术应符合现行国家标准《混凝土外加剂》GB 8076、《混凝土外加剂应用技术规范》GB 50119等和有关环境保护的规定。

预应力混凝土结构中，严禁使用含氯化物的外加剂。混凝土中氯化物的总含量应符合现行国家标准《混凝土质量控制标准》GB 50164的规定。

检查数量：按进场批次和产品的抽样检验方案确定。检查方法：检查产品合格证、出厂检验报告和进场复验报告。

3）混凝土中氯化物和碱的总含量应符合现行国家标准《混凝土结构设计规范》GB 50010等的规定。

检查方法：检查原材料试验报告和氯化物、碱的总含量计算书。

（2）一般项目

1）混凝土中的掺用矿物掺合料的质量应符合现行国家标准《用于水泥和混凝土中的粉煤灰》GB 1596等的规定。矿物掺合料的掺合量应通过试验确定。

检查数量：按进场批次和抽样检验方案确定。检验方法：检查出厂合格证和进场复验报告。

2）普通混凝土所用的粗、细骨料的质量，应符合国家现行标准《普通混凝土用砂、石质量及检验方法标准》JGJ 52 的规定。

检验数量：按进场的批次和产品的抽样检验方案确定。检查方法：检查进场复验报告。

3）拌制混凝土宜采用饮用水，当采用其他水源时，水质应符合国家现行标准《混凝土用水标准》JGJ 63 的规定。检查数量：同一批水源至少需要检查一次。检查方法：检查水质试验报告。

2. 怎样检查评价预拌混凝土的质量？

答：预拌混凝土合格证由厂商负责提供，应按国家标准规定留置试块。除预拌混凝土厂内例行制作的试块外，到达工地浇筑时尚应在入模处再次抽样制作试块。项目部应与厂商签订质量保证书（含经济赔偿责任），以防患于未然。

用于交货检验的混凝土按100m³一个工作台班，拌制的混凝土不足100m³按每工作台班。当连续供应混凝土量大于1000m³时，按200m³计算。

3. 怎样检查评价钢筋外观质量、质量证明文件、复验报告？

答：钢筋使用前，应全数检查其外观质量，钢筋表面标志应清晰明了，标志包括强度级别、厂名（汉语拼音字母头表示）和直径（mm）数字，钢筋外表面不得有裂纹、折叠、结疤及杂质，钢筋应平直、无损伤，表面不得有裂纹、油污、颗粒状或片状老锈。盘条允许有压痕或局部凸块、凹块、划痕、麻面，但其深度或高度（从实际尺寸算起）不得大于0.2mm；带肋钢筋表面凸块不得超过横肋高度，钢筋表面上其他缺陷的深度和高度不得大于所在部位尺寸的允许偏差；冷拉钢筋不得有局部颈缩；钢筋表面氧化皮（铁锈）质量不大于16kg/t。

进场的钢筋应有标牌（标明生产厂、生产日期、钢号、炉罐号、钢筋级别、直径等标志），应按炉罐号、批次及直径分批验收，分别堆放整齐，严防混料。并对其检验状态进行标识，防止混用。

对进场的钢筋按进场的批次和产品抽样检验方案确定抽样复验，钢筋检验报告结果应符合现行国家标准。进场复验报告是判断材料能否在工程中应用的依据。

依照国家规范和标准要求，逐项对外观性状、力学指标、变形性能及可焊性能等指标进行核查，根据试验和复验报告单提供的各类检验和复验的数据和外观检查得到的信息对照判断其对质量不合格的项次，要严格依照国家标准的规定进行更严格的考量，判定钢筋是否合格应严格依据国标规定判定并处理。

4.怎样检查评价砌体材料的外观质量、质量证明文件、复验报告？

答：（1）砖的外观质量要求

砖进场应按要求进行取样试验，并出具试验报告，合格后方可使用。砖的品种、强度必须符合设计要求。用于清水墙、柱表面的砖，应边角整齐、色泽均匀。

（2）砂浆材料质量控制

水泥的强度等级应根据设计要求选择。水泥砂浆采用的水泥，其强度等级不宜大于32.5；水泥混合砂浆采用的水泥，其强度等级不宜大于42.5。水泥进场前，应分批对其强度、安定性进行复验。检验批应以同一厂家、同一编号为一批。当在使用中对水泥质量有怀疑或水泥出厂超过三个月（快硬性硅酸盐水泥一个月）时，应复查试验，并按其结果使用。不同品种、强度的水泥不得混合使用。

砂宜用中砂，其中毛石砌筑用粗砂。砂的含泥量应该为：对水泥砂浆和强度等级不小于M5的水泥混合砂浆不应超过5%，强度等级小于M5的水泥砂浆，不应超过10%。

（3）生石灰的质量控制

生石灰熟化成石灰膏时，应用孔径不大于3mm×3mm网过滤，熟化时间不得少于7天；磨细生石灰粉的熟化时间不得少于2天。沉淀池中储存的石灰膏，应采取防止干燥、冻结和污染的措施。配置水泥石灰砂浆时，不得采用脱水硬化的石灰膏。

（4）外加剂的质量控制

凡在砂浆中掺入有机塑化剂、早强剂、缓凝剂、防冻剂等，应在检验和试配符合要求后，方可使用。有机塑化剂应有砌体强度的型式检验报告。

5. 怎样检查评价屋面卷材防水工程施工的外观质量、质量证明文件、复验报告？

答：（1）一般规定

1）铺设屋面隔气层和防水层前，基层必须干净、干燥。

2）卷材铺贴方向应符合下列规定：屋面坡度小于3%时，卷材宜平行屋脊铺贴，屋面坡度在3%～15%时，卷材可平行或垂直屋脊铺贴。屋面坡度大于15%或屋面受震动时，沥青防水卷材应垂直屋脊铺贴，高聚物改性沥青防水卷材和合成高分子防水卷材可平行或垂直屋脊铺贴，上下层卷材不得相互垂直铺贴。

3）铺贴卷材采用搭接法时，上下层及相邻两幅卷材的搭接缝应错开。

4）冷粘法铺贴卷材应符合下列规定：胶粘剂涂刷应均匀，不露底，不堆积。铺贴的卷材下面的空气应排尽，并辊压粘结牢固。铺贴卷材应平整顺直，搭接尺寸准确，不得扭曲、皱折。接缝口应用密封材料封严，宽度不小于10mm。

5）火焰加热器加热卷材应均匀，不得过分加热或烧穿卷材；卷材表面热熔后应立即滚铺卷材，卷材下面的空气应排尽，并辊压粘结牢固，不得空鼓。卷材接缝部位必须溢出热熔的改性沥青胶。铺贴的卷材应平整顺直，搭接尺寸准确，不得扭曲、皱折。

6）自粘法铺贴卷材应符合下列规定：铺贴卷材前基层表面应均匀涂刷基层处理剂，干燥后应及时铺贴卷材。铺贴卷材时，应将自粘胶底面的隔离纸全部撕净。卷材下面的空气应排尽，并辊压粘结牢固。铺贴的卷材应平整顺直，搭接尺寸准确，不得扭曲、皱折。搭接部位宜采用热风加热，随即粘结牢固。接缝口应用密封材料封严。宽度不应小于10mm。

7）卷材防水层完工并经验收合格后，应做好产品保护。保护层的施工应符合下列规定：绿豆砂应清洁、预热、铺撒均匀、并使其沥青玛琋脂粘结，不得残留未粘结的绿豆砂。

8）云母或蛭石保护层不得有粉料，撒铺应均匀，不得露底，多余的云母或蛭石应清除。水泥砂浆保护层的表面应抹平压光，并设表面分隔缝。刚性保护层与女儿墙、上墙之间应预留宽度为30mm的缝隙，并用密封材料嵌填严密。

（2）主控项目

1）卷材防水层所用卷材及其配套材料，必须符合设计要求。检验方法：检验出厂合格证、质量检验报告和现场抽样复验报告。

2）卷材防水层不得有渗漏或积水现象。检验方法：雨后或淋水、蓄水检验。

3）卷材防水层在天沟、檐沟、檐口、水落口、泛水、变形缝和伸出屋面的管道的防水构造，必须符合设计要求。检验方法：检查隐蔽工程验收记录。

依照国家规范和标准要求，逐项对所用材料外观性状、粘结性能指标等等指标进行核查，对照国家标准严格评定，需要时按规定进行复验。各类检验和复验的数据和外观检查得到的信息对照判断其对质量不合格的项次，要严格依照国家标准的进行更严格的考量，判定卷材和胶粘剂主要材料的是否合格应严格依据国标规定判定并处理。不合格材料禁止使用。严格施工工艺和程序管理确保施工质量符合设计要求。

6. 怎样检查评价节能材料的外观质量、质量证明文件、复验报告?

答:用于节能工程的材料、构件等,其品种、规格应符合设计要求和相关标准的规定。检验和评定的方法为观察、尺寸检查;核查质量证明文件。检查数量:按进场批次,每批随机抽取3个试样进行检查;质量证明文件应按照其出厂检验批进行检查。

严格按照进场材料的批次和数量比对检验、检测报告中约定的项目内容,对不符合实际的作出标记,也可按照有关规程的规定进行复验或检测,重新评定其质量等级。对于材料不合格的检验批应按有关规定处理。

第三节 判断土建工程施工试验结果

1. 怎样判读桩基试验的结果?

答:(1)桩身完整性试验报告的判读

1)查阅桩身完整性试验是否按规范规定全数进行了试验。

2)查阅每一根桩测试结果是否正常,如有差异是否符合规范要求,是否满足规范和设计要求;

查阅上述内容符合规范要求,没有明显差异,则该桩基桩身完整性试验结果可信。

(2)桩的静载承载力试验报告判读

1)根据工程桩的数量,查阅桩静载试验桩的根数是否符合规范规定数量。

2)查阅每根桩测试过程、程序、加载记录、试验结果是否满足规范和设计要求,如有差异是否符合规范要求,是否满足规范和设计要求。

查阅上述内容符合规范要求,没有明显差异,则该桩基桩身完整性试验结果可信。

2. 怎样判读地基试验检测报告?

答: 查看检测报告, 检查地基强度或承载力是否达到设计要求。

(1) 对灰土地基、砂和砂石地基、土工合成材料地基、粉煤灰地基、强夯地基、注浆地基、预压地基, 检查检验数量是否满足每单位工程不应少于3点, 是否满足1000m²以上的工程, 每100m²至少应有1点, 以及3000m²以上的工程, 每300m²至少应有1点。查阅试验报告是否满足, 每一独立基础下至少应有1点, 基槽每20延米应有1点。满足上述要求的测试, 检验数据满足规范要求则可断定该地基承载力满足要求。

(2) 对水泥土搅拌复合地基、高压喷射注浆桩复合地基、砂桩地基、振冲桩复合地基、土和灰土挤密桩地基、水泥粉煤灰碎石桩复合地基及夯实水泥土桩复合地基, 检查其承载力检验的数量是否满足总数的0.5%~1%, 但不应少于3处以及有单桩检验强度要求时, 数量为其总数的0.5%~1%, 但不应少于3根的要求。如果试验报告的检验数量满足规范要求, 且检验结果也符合规范及设计规定的承载力值, 则可判定该工程的地基满足要求。

3. 怎样根据混凝土试块强度评定混凝土检验批质量?

答: (1) 查阅混凝土试块送检的基础资料是否符合规范规定。

(2) 检查检验批划分是否合理, 是否满足施工质量验收规范的规定。

(3) 查阅每一个检验批中混凝土立方体试块强度测试结果是否正常, 强度分布值是否有异常。

(4) 查阅检验报告分析判定的依据是否符合规范要求, 分析判定结果是否正确, 所得结论是否可靠。

查阅上述内容符合规范要求, 没有明显差异, 则该检验批混凝土的检验结果可信。

4. 怎样根据砌筑砂浆试块强度评定砂浆质量?

答:(1)查阅砂浆试块送检的基础资料是否符合规范规定。

(2)检查检验批划分是否合理,是否满足施工质量验收规范的规定。

(3)查阅每一个检验批中砂浆立方体试块强度测试结果是否正常,强度分布值是否有异常.

(4)查阅检验报告分析判定的依据是否符合规范要求,分析判定结果是否正确,所得结论是否可靠。

查阅上述内容符合规范要求,没有明显差异,则该检验批砂浆的检验结果可信。

5. 怎样根据试验结果判断钢材及其连接质量?

答:(1)查阅测试钢筋或钢筋连接送检时的基础资料是否符合规范规定。

(2)检查钢筋或钢筋连接检验批划分是否合理,是否满足施工质量验收规范的规定。

(3)查阅钢筋或钢筋连接每一个检验批中钢筋力学性能测试结果种类是否满足规范规定,各种测试指标值是否正常,测试结果的数值分布值是否异常。

(4)查阅检验报告分析判定的依据是否符合规范要求,分析判定结果是否正确,所得结论是否可靠。

查阅上述内容符合规范要求,没有明显差异,则该检验批钢筋或钢筋连接的检验结果可信。

6. 怎样根据蓄水试验的结果判断防水工程质量?

答:(1)查阅蓄水试验时的基础资料是否符合规范规定。

(2)检查蓄水试验检验批划分是否合理,测试程序、方法、持续时间是否满足施工质量验收规范的规定。

（3）查阅每一个检验批蓄水试验测试结果，强度分布值是否有异常。

（4）查阅检验报告分析判定的依据是否符合规范要求，分析判定结果是否正确，所得结论是否可靠。

查阅上述内容符合规范要求，没有明显差异，则该蓄水试验的检验结果可信。

第四节　识读土建工程施工图

1. 怎样识读砌体结构房屋建筑施工图、结构施工图？

（1）建筑平面图的阅读方法

阅读建筑平面图首先必须熟记建筑图例（建筑图例可查阅国家标准《房屋建筑制图统一标准》GB/T 50001）。

1）看图名、比例。先从图名了解该平面图是表达哪一层平面，比例是多少；从底层平面图中的指北针明确房屋朝向。

2）从大门开始，看房间名称，了解各房间的用途、数量及相互之间的组合情况。从该图可了解房间大门朝向、各功能房间的组合情况及具体位置等。

3）根据轴线定位置，识开间、进深等。

4）看图例，识细部，认门窗的代号。了解房屋其他细部的平面形状、大小和位置，如阳台、栏杆、卫生间的布置等其他空间利用情况。

5）看楼地面标高，了解各房间地面是否有高差。平面图中标注的楼地面标高为相对标高，且是完成面的标高。

6）看清内、外墙面构造装饰做法；同时弄懂屋面排水系统及地面排水系统的构造。

（2）结构施工图的阅读方法

1）从基础图开始，了解地基与基础的结构设计及要求，包括地基土、基础及基础梁的结构设计要求、标高和细部构造等，了解地下管网的进口和出口位置、地下管沟的构造做法、坡度，以及管沟内需要预埋和设置的附属配件等，为编制地基基础施工方案、指导地基基础施工做好准备。

2）读懂首层结构平面布置图。弄清楚定位轴线与承重墙和非承重墙及其他构配件之间的关系，确定墙体和可能情况下所设置的柱确切位置，为编制首层结构施工方案和指导施工做好准备。弄清构造柱的设置位置、尺寸及配筋。

3）读懂标准层结构平面布置图。标准层是除首层和顶层之外的其他剩余楼层的通称，也是多层砌体房屋中占楼层最多的部分。一般来说，没有特殊情况，标准层的结构布置和房间布局各层相同，这时结构施工图的读识与首层和顶层没有差异。需要特别指出的是，如果功能需要，标准层范围内部分楼层结构布置有所变化，这时就需要对照变化部分，特别引起注意，弄清楚这些楼层与其他大多数楼层之间的异同，防止因疏忽造成错误和返工。需要注意的是多层砌体房屋可能在中间楼层处需要改变墙体厚度，这时需要弄清墙体厚度变化处上下楼层墙体的位置关系、材料强度的变化等。楼梯结构施工图读识时应配合建筑施工图，对其位置和梯段踏步划分、梯段板与踏步板坡度，平台板尺寸、平台梁截面尺寸、跨度及其配筋等都应正确理解。同时还要注意各楼层板和柱结构标高的掌握和控制。弄清圈梁、构造柱的设置位置、尺寸及配筋以及它们之间的连接，它们与墙体之间的连接等。

4）顶层、屋面结构及屋顶间结构图的读识。顶层原则上讲与标准层差别不大，只是在特殊情况下可能为满足功能需要在结构布置上有所变化。对于屋顶结构中楼面结构布置、女儿墙或挑檐、屋顶间墙体和其屋顶结构等应弄清楚，尤其是屋顶间墙体位置以及与主体结构的连接关系等。弄清圈梁、构造柱的设置位置、尺寸及配筋以及它们之间的连接，它们与墙体之间的连接等。

2. 怎样识读多层混凝土结构房屋建筑施工图、结构施工图？

答：多层混凝土结构房屋建筑平面图的阅读方法与砌体结构多层房屋的读识方法相同，这里不再赘述。多层混凝土结构房屋结构施工图的阅读方法如下：

（1）从基础图开始，了解地基与基础的结构设计及要求，包括地基土、基础及基础梁的结构设计要求、标高和细部构造等，了解地下管网的进口和出口位置、地下管沟的构造做法、坡度，以及管沟内需要预埋和设置的附属配件等，为编制地基基础施工方案、指导地基基础施工做好准备。

（2）读懂首层结构平面布置图。弄清楚定位轴线与框架柱和非承重墙及其他构配件之间的关系，确定柱和内外墙确切位置，为编制首层结构施工方案和指导施工做好准备。

（3）读懂标准层结构平面布置图。一般说来，没有特殊情况，标准层的结构布置和房间布局各层相同，这时结构施工图的读识与首层和顶层没有差异。需要特别指出的是，如果功能需要，标准层范围内部分楼层结构布置没有明显变化，仅房间分隔可能不同，弄清楚发生变化的楼层与其他楼层之间的异同，防止因疏忽造成错误和返工。还需要弄清楚上层柱钢筋和下层柱钢筋的搭接位置、数量、长度等，需要注意的是多层钢筋混凝土框架房屋可能在中间楼层处需要改变柱的截面尺寸或柱内配筋，这时需要弄清墙柱截面尺寸变化或柱内配筋变化部位上下层柱之间的位置关系、上层柱钢筋和下柱钢筋的搭接位置、数量、长度等，上下楼层墙体的位置关系、材料强度的变化等。有特殊部位的配筋及工作要求。如果是现浇楼屋盖，还应弄清梁板内的配筋种类、位置、数量以及其构造要求；对于悬挑结构中配置在板截面上部的抵抗负弯矩的钢筋一定需要慎重，施工中必须保证其位置的正确。对于处在角部和受力比较复杂的部位的框架柱的配筋需要认真弄懂；梁截面中部构造钢筋、抗扭钢筋、拉结钢筋应与纵向受力钢筋、箍筋同样高度重视；对于柱与填充墙的拉结筋应按设计需要不能遗忘；弄懂楼面上设置洞口时现浇板内的配筋的构造要求。楼梯结构施工图读识时应配合建筑施工图，对其位置和梯段踏步划分、梯段板与踏步板坡度，平台板尺寸、平台梁截面尺寸、跨度及其配筋等都应正确理解。同时还要注意各楼层板和柱结构标高的掌握和控制。

（4）顶层、屋面结构及屋顶间结构图的读识。顶层原则上讲与标准层差别不大，只是在特殊情况下可能为满足功能需要在结构布置上有所变化。对于屋顶结构中楼面结构布置、女儿墙或挑檐、屋顶间柱和墙等应弄清楚，尤其是屋顶间柱的位置以及与主体结构柱的连接关系等。

3. 怎样识读单层钢结构厂房建筑施工图、结构施工图？

答：（1）建筑平面图的阅读方法

阅读建筑平面图首先必须熟记建筑图例（建筑图例可查阅国家标准《房屋建筑制图统一标准》GB/T 50001）。

1）看图名、比例。先从图名了解该平面图表达的比例是多少；从平面图中的指北针明确房屋朝向。

2）从厂房大门开始，看车间名称，了解车间的用途和工艺功能分区及组合情况。从平面图可了解车间大门朝向及与厂区主要交通线路的衔接关系。

3）根据厂房轴线定位，每根柱和纵向、横向定位轴线的关系，读识厂房柱距和跨度尺寸，轴线等。

4）看图例，识细部，认门窗的代号。了解厂房其他细部大小和位置，如工艺流水线的布置、主要设备在平面的具体位置，变形缝所在轴线位置。

5）看地面标高，了解地面和变形缝的位置和构造。平面图中标注的楼地面标高为相对标高，且是完成面的标高。

6）弄清柱顶标高、吊车梁顶面标高、牛腿顶面标高、吊车型号、柱间支撑的位置等。

7）弄清联系梁、圈梁在厂房空间的位置。

8）读识厂房屋顶结构支撑系统的布置，有天窗时的天窗及其支撑系统的建筑施工图。

9）看清内、外墙面构造装饰做法；同时弄懂屋面排水系统及地面排水的系统的构造。

（2）结构施工图的阅读方法

1）从基础图开始，了解地基与基础的结构设计及要求，包括地基土、地基基础及基础梁的结构设计要求、标高和细部构造等，了解地下管网的进口和出口位置、地下管沟的构造做法、坡度，以及管沟内需要预埋和设置的附属配件等，为编制地基基础施工方案、指导地基基础施工做好准备。

2）读懂结构平面布置图。弄清楚定位轴线与排架柱和围护墙及其他构配件之间的关系，确定排架柱和内外墙确切位置，弄清楚设备基础结构施工图及其预埋件、预埋螺栓等的确切位置，为编制结构施工方案和指导施工做好准备。

3）读懂排架柱与基础的连接位置、连接方式、构造要求等，为组织排架柱吊装就位打好基础。

4）读懂钢结构屋架施工图、支撑系统结构图、屋顶结构图。为屋架吊装和支撑系统的安装，屋顶结构层施工做好准备。

5）读识钢结构施工图时，需要对现场连接部位的焊接或螺栓连接有足够和充分的认识和把握，以便组织现场结构连接和拼接。

6）在读识钢结构施工图的同时，需要认真研读国家钢结构设计规范、施工验收规范等钢结构施工技术标准等，以便深刻、全面、细致、完整、系统了解钢结构施工图和细部要求，在施工中能够认真贯彻设计意图，严格按钢结构施工验收规范和设计图纸的要求组织施工。

4. 怎样读识工程地质勘察报告及其附图？

（1）了解工程的地质勘察报告书的内容

1）拟建工程概述，包括委托单位、场地位置、工程简介，以往的勘察工作及已有资料等。

2）勘察工作概况，包括勘察的目的、任务和要求。

3）勘察的方法及勘察工作布置。

4）场地的地形和地貌特征、地质构造。

5）场地的地层分布、岩石和土的均匀性、物理力学性质、地基承载能力和其他设计计算指标。

6）地下水的类型、埋深、补给和排泄条件，水位的动态变化和环境水对建筑物的腐蚀性；以及土层的冻结深度。

7）地基土承载力指标与变形计算参数建议值。

8）场地稳定和适宜性评价。

9）提出地基基础方案，不良地质现象分析与对策，开挖和边坡加固等建议。

10）提出工程施工和投入使用可能发生的地基工程问题及监控、预防措施的建议。

11）地基勘察的结果表及其所应附的图件。

勘察报告中应附的图表，应根据工程具体情况而定，通常应附的图表有：

① 勘察场地总平面示意图与勘察点平面布置图；

② 工程地质柱状图。

③ 工程地质剖面图。

④ 原位测试成果图表。

⑤ 室内试验成果图。

当需要时，尚应包括综合工程地质图、综合地质柱状图、关键地层层面等高线图、地下水位等高线图、素描及照片。特定工程还应提供工程整治、改造方案图及其计算依据。

（2）读懂地质勘察报告中常用图表

1）勘探点平面布置图。勘探点平面布置图是在建筑场地地形图上，把建筑物的位置、各类勘探及测试点的位置、符号用不同的图例表示出来，并注明各勘探点和测点的标高、深度、剖面线及其编号等。

2）钻孔柱状图。钻孔柱状图是根据孔的现场记录整理出来的，记录中除了注明钻进根据、方法和具体事项外，其主要内容是关于地层分布（层面的深度、厚度）、地层的名称和特征的描述。绘制柱状图之前，应根据土工试验结果及保存于钻孔岩芯箱中的土样对分层情况和野外鉴别记录进行认真的校核，并做好分层和并层工作，当测试结果和野外鉴别不一致时，一般应以测试结果为准，只是当试样太少且缺乏代表性时才以野外鉴别为准。绘制柱状图时，应自上而下对地层进行编号和描述，并用一定比例尺、图例和符号绘图。在柱状图中还应同时标出取土深度、地下水位等资料。

3）工程地质剖面图。柱状图只能反映场地某一勘探点地层的竖向分布情况，剖面图则反映某一勘探线上地层岩水箱和水平向的分布情况。由于勘探线的布置常与主要地貌单元或地质构造轴线相垂直，或与建筑物的轴向相一致，故工程地质剖面图是勘察报告的基本图件。

剖面图的垂直距离和水平距离可采用不同的比例尺，绘制时首先将勘探线的地形剖面线画出来，然后标出勘探线上各钻孔的地层层面，并在钻孔的两侧分别标出层面的高程和深度，再将相邻钻孔中相同的土层分界点以直线相连。当某地层在邻近钻孔中缺失时，该层可假定于相邻两孔之间消失，剖面图中应标出原状土样的取样位置和地下水位的深度。各土层应用一定的图例表示。也可以只绘制出某一地层的图例，该层未绘制出图例的部分，可用地层编号来识别，这样可以使图面更清晰。

柱状图和剖面图上，也可同时附上土的主要物理力学性质指标及某些试验曲线（如触探或标准贯入试验曲线等）。

4）综合地质柱状图。为了简明扼要地表示所勘探地层的层次及其主要特征和性质，可将该区地层按新老次序自上而下以 $1:50 \sim 1:200$ 的比例绘成柱状图。图上注明层厚、地质年代，并对岩石或土的特征和性质进行概括的描述。此图件称为综合地质柱状图。

5）土的物理力学性质指标是地基基础设计的依据。应将土的试验和原位测试所得的结果汇总列表表示。

5. 工程设计变更的工作流程有哪些?

答：工程设计变更的工作流程包括：

（1）工程设计变更申请

在工程设计变更申请前，提出变更申请的单位应对拟提出申请变更的事项、内容、数量、范围、理由等有比较充分的分析，然后按照项目管理的职责划分，向有关管理部门提出书面或口头（较小的事项）申请，施工企业提出的设计变更需向建设单位或代建单位和工程监理单位提出申请，并填写设计变更申请单。

（2）工程设计变更审批

施工单位向监理单位提交设计变更申请经审查、建设单位或代建单位审核同意后，然后可以填写设计变更审批表，经建设单位或代建单位、设计单位审查批准。

（3）设计单位出具设计变更通知

设计单位认真审核设计变更申请表中所列的变更事项的内容、原因、合理性等，然后作出设计变更的最终决定，并以设计变更通知单和附图的形式回复建设单位和施工单位。

设计变更申请、设计变更申请表、设计变更审批表、设计变更通知单是设计阶段和施工阶段项目管理的主要函件，也是工程项目最终确定工程结算的依据，必须妥善归档保管。

6. 为什么要组织好设计交底和图纸会审？图纸会审的主要内容有哪些?

答：在工程施工之前，建设单位应组织施工单位进行工程设计图纸会审，组织设计单位进行设计交底，先由设计单位介绍设计意图、结构特点、施工要求、技术措施和有关注意事项，然后由施工单位提出图纸中存在的问题和需要解决的技术难题，通过三方研究协商、拟定解决方案、写出会议纪要，其目的是为了使施工单位熟悉设计图纸，了解工程特点和设计意图，以及对关键工程部分的质量要求，及时发现图纸中的差错，将图纸的质量隐患消灭在萌芽状态，以提高工程质量，避免不必要的工程变更，降低工程造价。

图纸会审的主要内容有：

（1）总平面与施工图的几何尺寸、平面位置、标高等是否一致。

（2）建筑结构与各专业图纸本身是否有差错及矛盾；结构施工图与建筑施工图的平面尺寸及标高是否一致，平、立、剖面之间有无矛盾；表示方法是否清楚。

（3）材料来源有无保证，能否代换；图中所要求的条件能否满足；新材料、新技术的应用有无问题。

（4）建筑与结构构造是否存在不能施工、不便施工的技术问题，或容易导致质量、安全事故或工程费用增加等方面的问题。

（5）工艺管道、电气线路、设备装置、运输道路与建筑物之间或相互间有无矛盾，布置是否合理。

第五节　确定施工质量控制点

1. 施工过程质量控制的原则、内容、方法包括哪些内容？

答：施工过程的质量控制依据内容、步骤包括如下主要方面：

（1）技术交底

按照工程重要程度，单位工程开工前，应由企业或项目技术负责人组织全面的技术交底。

（2）测量交底

1）对于给定的原始基准点，基准线和参考标高等的测量控制点应做好复核工作审核批准后，才能据此进行准确的测量放线。

2）施工测量控制网的复测。准确地测定与保护好场地平面控网和主轴线的桩位，是整个场地内建筑物、构筑物定位的依据，是保证整个施工测量精度和顺利进行施工的基础。

（3）材料控制

1）对供货方质量保证能力进行评定。

2）建立材料管理制度、减少材料损失、变质。

3）对原材料、半成品、构配件进行标识。

4）材料检查验收。

5）发包人提供的原材料、半成品、构配件和设备。

6）材料质量抽样和检验方法。

（4）机械设备控制

1）机械设备使用形式决策。

2）注意机械配套。

3）机械设备的合理使用。

4）机械设备的保养与维修。

（5）计量控制

工序控制是产品制造过程的基本环节，也是组织生产过程的基本单位。一道工序，是指一个（或一组）工人在一个工作地对一个（或几个）劳动对象（工程、产品、构配件）所完成的一切连续活动的总和。

工序质量是指工序过程的质量。对于现场个人来说，工作质量通常表现为工序质量。一般地说，工序质量是指工序的成果符合设计、工艺（技术标准）要求的程度。人、机器、原材料、方法、环境五种因素对工程质量有不同程度的直接影响。

（6）特殊和关键过程控制

特殊过程是指建设工程项目在施工过程或工序施工质量不

能通过其后的检验和试验而得到验证，或者其验证的成本不经济的过程，如防水、焊接、桩基处理、防腐工程、混凝土浇筑等。

关键过程是指严重影响施工质量的过程，如：吊装、混凝土搅拌、钢筋连接、模板安拆、砌筑等。

（7）工程变更控制

工程变更控制第二章第四节第2题已有详述，此处从略。

（8）成品保护

在工程施工或安装完成后，经建设单位、监理单位、施工单位联合验收合格后，依据施工合同的约定，在竣工验收之前；对成品采取围、挡、封、苫、关等方法进行保护，防止后续未完作业过程可能引起的碰、砸、污、损、丢、堵、坏等项的发生带来的危害及损失，为竣工验收和交付使用作为准备工作。

2. 施工过程质量控制点怎样确定？

答：特殊过程和关键过程是施工质量控制的重点，设置质量控制点就是根据工程项目的特点，抓住这些影响工序施工质量的主要因素。

（1）质量控制点设置原则

1）对工程质量形成过程的各个工序进行全面分析，凡对工程的适用性、安全性、可靠性、经济性有直接影响的关键部位设立控制点，如高层建筑的垂直度、预应力张拉、楼面标高控制等。

2）对下道工序有较大影响的上道工序设立控制点，如砖墙粘结率、墙体混凝土浇捣等。

3）对质量不稳定，经常容易出现不良品的工序设立控制点，如阳台地坪、门窗装饰等。

4）对用户反馈和过去有过返工的不良工序，如屋面、油毡铺设等。

（2）质量控制点的种类

1）以质量特性值为对象来设置。

2）以工序为对象来设置。

3）以设备为对象来设置。

4）以管理工作为对象来设置。

（3）质量控制点的管理

在操作人员上岗前，施工员、技术员做好交底和记录，在明确工艺要求、质量要求、操作要求的基础上方能上岗，施工中发现问题，及时向技术人员反映，由有关技术人员指导后，操作人员方可继续施工。

为了保证质量控制点的目标实现要建立三级检查制度，即操作人员每日自检一次，组员之间或班长，质量干事与组员之间进行互检；质量员进行专检；上级部门进行抽检。

针对特殊过程（工序）的过程能力，应在需要时根据事先的策划及时进行确认，确认的内容包括：施工方法、设备、人员、记录的要求，需要时要进行确认，对于关键过程（工序）也可以参照特殊过程进行确认。

在施工中，如果发现质量控制点有异常，应立即停止施工，召开分析会，找出产生异常的主要原因，并用对策表写出对策。如果是因为技术要求不当，而出现异常，必须重新修订标准，在明确操作要求和掌握新标准的基础上，再继续进行施工，同时还应加强自检、互检的频次。

3. 怎样确定地基基础工程的质量控制点？

答：（1）灰土、砂及砂石地基质量控制点包括：

1）地基承载力。

2）配合比。

3）压实系数。

4）石灰、土颗粒粒径等。

（2）水泥搅拌桩地基施工质量控制点包括：

1）水泥及外加剂质量。

2）水泥用量；桩体强度。

3）地基承载力；桩底标高、桩径、桩位。

（3）水泥粉煤灰碎石桩复合地基的施工质量控制点包括：

1）桩径。

2）原材料。

3）桩身强度。

4）地基承载力。

5）桩体完整性、桩长、桩位。

（4）钢筋混凝土预制桩质量控制桩施工质量控制点包括：

1）桩体质量。

2）桩位偏差。

3）承载力。

4）桩顶标高。

5）停锤标准。

（5）钢筋混凝土灌注桩质量控制点包括：

1）桩位。

2）孔深。

3）桩体质量。

4）混凝土强度。

5）承载力。

4. 怎样确定地下防水工程的质量控制点？

答：（1）防水混凝土工程的质量控制点包括：

1）原材料、配合比、坍落度。

2）抗压强度和抗渗能力。

3）变形缝、施工缝、后浇带，预埋件等设置和构造。

（2）卷材防水质量控制点包括：

1）卷材及主要配套材料。

2）转角、变形缝、穿墙缝、穿墙管道的细部做法。

3）卷材防水层的基层质量。

4）防水层的搭接缝、搭接宽度。

5. 怎样确定砌体多层房屋工程的质量控制点？

答：砌体工程质量控制点包括：

（1）砖的规格、性能、强度等级。

（2）砂浆的规格、性能、配合比及强度等级。

（3）砂浆的饱和度。

（4）砌体转角及交接处的质量。

（5）轴线位置、垂直度偏差。

6. 怎样确定多层混凝土结构房屋工程的质量控制点？

答：多层混凝土结构房屋工程的质量控制点包括：

（1）水泥、砂、石、水、外加剂等原材料的质量。

（2）混凝土的配合比。

（3）混凝土拌制的质量。

（4）混凝土运输、浇筑及间歇时间。

（5）混凝土的养护措施。

（6）混凝土的外观质量。

（7）混凝土的几何尺寸。

7. 怎样确定钢结构工程的质量控制点？

答：钢结构工程的质量控制点包括：

（1）钢材、钢铸件的品种、规格、性能。

（2）连接用紧固件的质量。

（3）构件的尺寸。

（4）焊缝的质量。

8. 怎样确定住宅屋面工程及地面工程的质量控制点？

答：（1）确定住宅屋面工程的质量控制点

1）屋面找平层的排水坡度。

224

2）屋面保温材料的性能、厚度。

3）卷材防水层的搭接处理。

4）焊缝的质量。

（2）住宅地面工程的质量控制点包括：

1）隔离层的设置。

2）防水层的质量。

第六节　编写质量控制文件和实施质量交底

1. 怎样编制砌体工程分项工程的质量通病控制文件？

答：砌体工程质量通病包括：小型空心砌块填充墙裂缝，砂浆饱满度不符合要求，砌体标高、轴线等几何尺寸偏差，砖墙与构造柱连接不符合要求，构造柱混凝土出现蜂窝、孔洞和露筋，填充墙与梁、板连接处开裂等。下面以构造柱混凝土出现蜂窝、孔洞和露筋为例说明质量通病控制文件的编制。

（1）通病现象

砖墙与构造柱的连接不可靠，在温度收缩、混凝土干缩、地震及其他外力作用下二者将脱开，降低或削弱连接质量，影响墙体整体性和承载力。

（2）规范标准相关规定

《砌体工程施工质量验收规范》GB 50203-2011 第 8.2.2 条：构造柱、芯柱、组合砌体构件、配筋砌体剪力墙构件和混凝土及砂浆的强度等级应符合设计要求。第 8.2.3 条：构造柱与墙体的连接应符合下列规定：①砌体应砌成马牙槎，马牙槎凹凸尺寸不宜小于 60mm，高度不应超过 300mm，马牙槎应先退后进，对称砌筑；马牙槎尺寸偏差每一构造柱不应超过 9 处；②预留拉结钢筋的规格、尺寸、数量及位置应正确，拉结钢筋应沿墙高每隔 500mm 设置两根直径 6mm 的 HPB300 级钢筋，伸入墙内的长度不宜小于 600mm，钢筋的竖向位移不应超过 100mm，且竖向位移每一根构造柱不得超过 2 处。

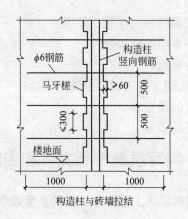

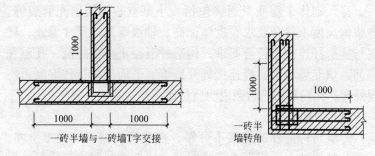

图4-1　墙体构造柱设置参考图

（3）原因分析

1）不设置大马牙槎和拉结筋或漏放拉结筋；

2）设置拉结筋的位置、长度、间距（根数）及弯钩形状不正确，不符合相关规定。

（4）预防措施

1）砖墙与构造柱连接处，砖墙应砌成马牙槎。每一马牙槎高度不宜超过300mm，且应沿墙高每隔500mm设置两根直径6mm的HPB300级钢筋，伸入墙内的长度不宜小于1000mm。

2）构造柱与砖墙连接的马牙槎内混凝土，砖墙灰缝的砂浆必须密实饱满，砖墙水平灰缝饱满度不得低于80%，构造柱内钢筋的混凝土保护层厚度宜为20mm，且不小于15mm。

（5）一般工序

砌筑留置马牙槎→放置水平拉结钢筋→构造柱钢筋绑扎→构造柱模板安装→构造柱混凝土浇筑。

（6）参考图

2. 怎样编制混凝土工程中分项工程的质量通病控制文件？

答：混凝土结构过程中的质量通病包括：混凝土结构裂缝，钢筋保护层不符合规范要求，混凝土墙、柱层间边轴线错位，模板钢管支撑不当导致结构变形，滚轧直螺纹钢筋接头施工不规范，混凝土不密实存在蜂窝、麻面、空洞现象等。现以混凝土不密实存在蜂窝、麻面、空洞现象为例说明质量通病控制文件编制的方法。

（1）通病现象

混凝土振捣不足或漏振，使混凝土不密实，存在蜂窝、麻面、空洞等现象。

（2）规范标准相关规定

《混凝土结构工程施工质量验收规范》GB 50204-2011第8.11条：现浇混凝土外观质量缺陷应由监理（建设）单位、施工单位等各方根据其对结构性能和使用功能影响的严重性程度按表4-1确定。

现浇混凝土结构外观质量 表4-1

名称	现象	严重缺陷	一般缺陷
蜂窝	混凝土表面缺少水泥砂浆而形成石子外露	构件主要受力部位有蜂窝	其他部位有少量蜂窝
外部缺陷	构件表面麻面、掉皮、起砂、污染等	具有重要装饰效果的清水混凝土构件外表缺陷	其他混凝土构件有不影响使用功能的外表缺陷
孔洞	混凝土中孔穴深度和长度均超过保护层厚度	构件主要受力部位有孔洞	其他部位有少量孔洞

（3）原因分析

1）模板接缝不严，板缝处漏浆。

2）模板表面未清理干净或模板未满涂隔离剂。

3）混凝土振捣不密实，漏振造成蜂窝麻面、不严实。

4）混凝土搅拌不均匀，和易性不好；混凝土入模时自由倾落度过大，产生离析。

5）混凝土搅拌时间短，加水量不准，混凝土和易性差，混凝土浇筑后的地方砂浆少石子多，形成蜂窝。

6）混凝土浇灌没有分层浇灌，下料不当，造成混凝土离析，出现蜂窝麻面等。

（4）预防措施

1）混凝土振捣前检查模板缝隙严密性，模板应清洗干净并用清水湿润，不留积水，并使模板缝隙膨胀严密。

2）混凝土浇筑高度一般不超过2m，超过2m时要采取措施，如用串筒等进行下料。

3）混凝土入模后，必须掌握振捣时间，一般每点振捣时间20～30秒，使混凝土不再显著下沉，不再出现气泡，混凝土表面出浆且呈水平状态，混凝土将模板边角部分填满充实。

（5）一般工序

模板检查验收（包括安装牢固、垂直度、板缝密封）→模板湿润→柱、墙底部先浇捣500～100mm厚与混凝土内充分相同的水泥砂浆→混凝土浇筑。

3. 怎样编制厨房、卫生间楼（地）面渗漏水的质量通病控制文件？

答：（1）通病现象

厨房、卫生间楼（地）面部分或大面积渗漏水。

（2）规范标准相关规定

《建筑地面工程质量验收规范》GB 50209-2010中第3.0.18条：厕浴间、厨房和有排水（或其他液体）要求的建筑地面面层与相连接各类面层的标高差应符合设计要求。第4.9.3条：有防水要求的建筑地面工程，铺设前必须对立管、套管和地漏与楼板节点之间进行密封处理，并应进行隐蔽验收；排水坡度应符合设计要求。

（3）原因分析

1）未设防水隔离层。

2）预留孔洞堵塞不密实。

3）节点防水处理马虎。

4）周边混凝土翻边未设置或设置不符合要求。

5）主管道穿过楼面处未设金属套管。

（4）预防措施

1）有防水要求的建筑地面必须设置防水隔离层（防水砂浆、防水混凝土、聚合物防水处理剂、聚氨酯防水涂膜等）。

2）节点处理防水地面应比其他地面低30mm，地面找平层排水坡度1%～1.5%，地漏口应比相邻地面低5mm。

3）周边整浇防水翻边，高度不小于20mm，混凝土强度不低于C20。

4）主管道穿过楼面处，应设置金属套管。

5）渗水试验

① 第一次洞口填塞（板厚2/3）待混凝土凝固后做4小时蓄水试验。

② 第二次洞口填塞完成后做24小时蓄水试验。

③ 地面施工完成后，做蓄水深度20～30mm，时间不小于24小时蓄水试验。

（5）一般工序

对立管、套管和地漏与楼板节点之间进行密封处理→防水隔离层施工→面层施工。

4. 怎样编制屋面防水工程等分项工程的质量通病控制文件？

答：（1）通病现象

有防水层屋面出现渗漏。

（2）规范标准相关规定

《屋面工程质量验收规范》GB 50207-2012第3.0.4条：屋面工程施工前应通过图纸会审，施工单位应掌握施工图中的细部构造及有关技术要求；施工单位应编制屋面工程专项施工方案，并经监理单位或建设单位审查确认后执行。第3.0.2条：施工单位应取得建筑防水和保温工程相应等级的资质证书；作业人员应持证上岗。第3.0.6条：屋面工程所用的防水、保温材料应有产品合格证书和性能检测报告，材料的品种、规格、性能等应符合现行国家产品标准和设计要求。产品质量应由经过省级以上建设行政主管部门对其资质认可和质量技术监督部门对其计量认证的质量检测单位进行检测。第3.0.12条：屋面工程完工后，应进行观感质量检查和雨后观察或淋水、蓄水检验，不得有渗漏和积水现象。

（3）原因分析

1）原材料的质量与预先设计的要求或规范、标准不太符合。

2）屋面防水细部构造部分没有设置附加层，出现渗漏现象。

3）工程完工并交付使用后，对屋面管理以及保养不合理，比如有的使用单位在屋面上安装广告牌或者安装空调等，在固定支架时就直接在屋面上打孔，破坏了防水层从而引起渗漏。

4）在施工的过程中防水层可能没有处理干净、不平整，另外，在潮湿的环境下也会导致使屋面防水层遭到破坏，而产生渗漏。

5）在开始设计时，本身的设计构造不合理，从而产生渗漏隐患，这是一定要避免的，因为构造本身的问题，接下来的施工是根据其构造设计进行的，无论如何都会产生渗漏的隐患。

6）施工方案不太科学，最终导致了薄弱环节的形成。

（4）预防措施

1）选择材料时一定要慎重。

2）屋面现浇板必须控制好钢筋保护层厚度，防止负筋施工过程中被踩踏。

3）屋面防水工程必须由具有相应资质的专业队伍进行施工，而且作业人员应当持有当地建设行政主管部门颁发的上岗证。

4）在天沟、檐沟、阴阳角、水落口、变形缝等其他易渗部位设置防水附加层，柔性防水层和刚性防水层之间应该设置一些隔离层。

5）检验屋面有无渗漏现象，应做蓄水试验来检验，而且其蓄水时间不能少于24小时，而且蓄水深度最浅处不得小于10mm，如出现渗漏水应及时返工整改直到符合原定的要求为止。

6）防水基层应保持平整光滑并且不能有裂缝。

7）在施工之前要注意天气，尽量选择天晴的时候施工，避免在雨雪天气下实施防水工程施工。

（5）一般工序

施工方案→基层清理、洒水湿润→找平层施工→防水层施工。

第七节　土建工程质量检查、验收、评定

1. 建筑工程质量验收的程序和组织的内容有哪些？

答：（1）检验批及分项工程应由监理工程师（建设单位项目技术负责人）组织施工单位项目专业质量（技术）负责人等进行验收。

（2）分部工程应由总监理工程师（建设单位项目负责人）组织施工单位项目负责人和技术、质量负责人等进行验收；地基与基础、主体结构分部工程的勘察、设计单位工程项目负责

人和施工单位技术、质量部门负责人也应参加相关分部工程验收。

（3）单位工程完工后，施工单位自行组织有关人员进行检验评定，并向建设单位提交工程验收报告。

（4）建设单位收到工程验收报告后，应由建设单位项目负责人组织施工（含分包单位）、设计、监理单位项目负责人进行单位（子单位）工程验收。

（5）单位工程有分包单位施工时，分包单位对所承包的工程项目应按国家有关标准规定的程序检查评定，总包单位派人参加，分包工程完工后，应将工程有关资料交总包单位。

（6）当参加验收各方对工程质量验收意见不一致时，可请当地建设行政主管部门或工程监督机构机构协调处理。

（7）单位工程质量验收合格后，建设单位应在规定的时间内将工程竣工验收报告和有关文件，报建设行政主管部门备案。

2. 检验批、分项工程、分部（子分部）工程、单位（子单位）工程质量验收合格应符合哪些规定？

答：（1）检验批质量验收合格应符合下列规定：

1）主控项目和一般项目的质量经抽样检验合格。

2）具有完整的施工操作依据、质量检查记录。

（2）分项工程质量验收合格应符合下列规定：

1）分项工程所含的检验批应符合合格质量的规定。

2）分项工程所含的检验批的质量验收记录应完整。

（3）分部（子分部）工程质量验收合格应符合下列规定：

1）分部（子分部）工程所含的分项工程质量均应验收合格。

2）质量控制资料应完整。

3）地基与基础、主体结构和设备安装等分部工程有关安全及功能的检验和抽样检测结果应符合有关规定。

4）观感质量验收应符合有关规定。

（4）单位（子单位）工程质量验收合格应符合下列规定：

1）单位（子单位）工程所含分部（子分部）工程的质量均应验收合格。

2）质量控制资料应完整。

3）单位（子单位）工程所含分部（子分部）工程有关安全和功能的检验资料应完整。

4）主要功能项目的抽查结果应符合相关专业质量验收规范的规定。

5）观感质量验收应符合要求。

3. 怎样填写检验批和分项工程质量验收记录表？

答：（1）检验批的质量验收记录

检验批的质量验收记录由工程项目专业质量检查员填写，监理工程师（建设单位项目专业技术负责人）组织项目专业质量检查员等进行验收，并填写统一格式的检验批的质量验收记录表。其中主要包括：

1）检验批的资料检查和实物检查。

2）检验批合格质量的判定。

3）主控项目。

4）一般项目。

（2）分项工程的质量验收记录

分项工程质量应由监理工程师（建设单位项目专业技术负责人）组织项目专业技术负责人等进行验收，并填写相关验收记录表。

分项工程的验收在检验批的基础上进行。一般情况下，两者具有相近或相同的性质，只是批量的大小不同而已。

4. 怎样填写分部（子分部）工程及单位（子单位）工程质量验收记录表？

答：（1）分部（子分部）工程

分部（子分部）工程质量应由总监理工程师（建设单位项

目专业负责人）组织施工项目经理和有关勘察、设计单位项目负责人进行验收，并填写相应表格。

分部工程的各分项工程必须已验收合格且相应的质量控制资料文件必须完整，这是验收的基本条件。此外，由于各分项工程的性质不尽相同，因此，作为分部工程不能简单地组合加以验收，尚需增加以下两类检查：

① 涉及安全和使用功能的地基基础、主体结构、有关安全及重要使用功能的安装分部工程应进行有关见证取样送样试验或抽样检测。

② 关于观感质量验收，这类检查往往难以定量，只能以观察、触摸、简单量测的方式进行，并由个人的经验和主管印象评判，显然，这种检查结果给出"合格"或"不合格"的结论是不科学、不严谨的，而只应给出综合质量评价。对于"差"的检查点应通过返修处理等补救。

（2）单位（子单位）工程

单位（子单位）工程验收记录由施工单位填写，验收结论由监理（建设）单位填写。综合验收结论由参加验收各方共同商定，建设单位填写，应对工程质量是否符合设计和规范要求及总体质量水平作出评价。

单位（子单位）工程竣工验收记录表中填写的验收记录要有依据，质量控制资料检查栏中应根据单位（子单位）工程质量控制资料检查记录中的项数，逐项检查，检查时应注意是否有漏项。安全和使用功能检查及抽查结果一栏中应根据单位（子单位）工程安全和使用功能检验资料检查及主要功能抽查记录填写，检查系指该工程中应有的全部项目，并不得缺项，抽查结果系指工程质量验收时验收组协商确定抽查的项目，该抽查可以是验收组现场抽查，也可以是委托检测单位检查。

5. 隐蔽工程验收填写要点有哪些？

答：（1）工程名称：与施工图纸中图签一致。

（2）隐蔽项目：应按检查项目填写，具体写明（子）分部工程名称和施工工序主要检验内容。隐检项目栏填写举例：桩基工程钢筋笼安装、支护工程锚杆安装、门窗工程（预埋件、锚固件或螺栓安装）、吊顶工程（龙骨、吊件、填充材料安装）。

（3）隐检部位：按实际检查部位填写，如"层"填写地下/地上层；"轴"填写横起至横起至轴/纵起至纵起至轴，轴线数字码、英文码标注应带圆圈；"标高"填写墙柱梁板等的起止标高或顶标高。

（4）检查时间：按实际检查时间填写。

（5）隐检依据：施工图纸、设计变更、工程洽商及相关的施工质量验收规范、标准、规程；验收工程的施工组织设计、施工方案、技术交底等。特殊的隐检项目如新材料、新工艺、新设备等要标注具体的执行标准文号或企业标准文号。

（6）隐检记录编号：按专业工程分类编号填写并填入右上角的编号栏，编号按有关规定方式进行。按组卷要求进行组卷。

（7）主要材料名称及规格/型号；按实际发生材料、设备填写，个别主要材料的规格/型号要表述清楚。

（8）隐检内容：应将隐检的项目、具体内容描述清楚。主要检验材料的复试报告单编号，主要连接件的复试报告编号，主要施工方法。若文字不能表述清楚，可用示意图说明。

（9）审核意见。审核意见要明确，隐检的内容是否符合要求要描述清楚。然后给出审核结论，根据检查情况在相应的结论栏中打"√"。在隐检中一次验收未通过的要注明质量问题，并提出复查要求。

（10）复查结论。此栏主要是针对一次验收出现的问题进行复查，因此要对质量问题改正的情况描述清楚。在复查中仍出现不合格项，按不合格品处理。

（11）隐蔽工程验收表由施工单位填报，其中审核意见、复查结论由监理单位填写。

（12）隐检表格实行"计算机打印，手写签名"，各方签字后生效。

（13）建设单位、施工单位、城建档案馆各保留一份。

6. 施工质量问题的处理依据及处理方式各有哪些？

答：（1）施工质量问题的处理依据

施工质量问题处理的依据包括以下内容：

1）质量问题的实况资料。包括质量问题发生的时间、地点；质量问题描述；质量问题发展变化情况；有关质量问题的观测记录、问题现状的照片或录像；调查组调查研究所获得的第一手资料。

2）有关合同及合同文件。包括工程承包合同、设计委托协议、设备与器材的购销合同、监理合同及分包合同。

3）有关技术文件和档案。主要的是有关设计文件（如施工图纸和技术说明）、与施工有关的技术文件、档案和资料（如施工方案、施工计划、施工记录、施工日志、有关建筑材料的质量证明资料、现场制备材料的质量证明材料、质量事故发生后对事故状况的观测记录、试验记录和试验报告等）。

4）相关的建设法规。主要包括《建筑法》、《建筑工程质量管理条例》及与工程质量事故处理有关的法规，以及勘察、设计、施工、监理等单位资质管理方面的法规、从业者资格管理方面的法规、建筑市场方面的法规、建筑施工方面的法规、关于标准化管理方面的法规等。

（2）施工质量问题处理的方式

1）以返工重做更换器具、设备的检验批，应重新进行检验；

2）经由资质的检测单位检测鉴定能够达到设计要求的检验批，应予以验收。

3）经有资质的检测单位检测鉴定达不到设计要求，但经原设计单位核算认可能够满足结构安全和使用功能的检验批，可予以验收。

4）已返修和加固处理的分项、分部工程，虽然改变外形尺寸但仍能满足安全和使用功能要求，可按技术处理方案和协商文件进行验收。

5）通过返修或加固处理仍不能满足安全使用要求的分项工程、单位（子单位）工程严禁验收。

7. 施工质量问题的处理程序有哪些？

答：（1）施工质量问题处理的一般程序

发生质量问题→问题调查→原因分析→处理方案→设计施工→检查验收→结论→提交处理报告。

（2）施工质量问题处理中应注意的几个问题

1）施工质量问题发生后，施工项目负责人应按规定的时间和程序，及时向企业报告状况，积极组织调查。调查应力求及时、客观、全面，以便为分析处理问题提供正确的依据。要将调查结果整理撰写为调查报告，其主要内容包括：工程概况；问题概括；问题发生所采取的临时防护措施；调查中的有关数据、资料；问题原因分析与初步判断；问题处理的建议方案与措施；问题涉及人员与主要责任者的情况等。

2）施工质量问题的原因分析要建立在调查的基础上，避免情况不明就主观推断原因。特别是对涉及勘察、设计、施工、材料和管理等方面的质量问题，往往原因错综复杂，因此，必须对调查所得到的数据、资料进行仔细的分析，去伪存真，找出主要原因。

3）处理方案要建立在原因分析的基础上，并广泛听取专家及有关方面的意见，经科学论证，决定是否进行处理和怎样处理。在制定处理方案时，应做到安全可靠。技术可行，不留隐患，经济合理，具有可操作性，满足建筑功能和使用要求。

4）施工质量问题处理的鉴定验收。质量问题的处理是否达到预期的目的，是否依然存在隐患，应当通过检查鉴定作出确认。质量问题处理的质量检查鉴定，应严格按施工质量验收规

237

范和相关的质量标准的规定进行，必要时还要通过实际测量、试验和仪器检测等方面获得必要的数据，以便正确地对事故处理结果作出鉴定。

第八节　识别质量缺陷，进行分析和处理

1. 地基不均匀沉降产生的原因有哪些？预防措施有哪些？

答：（1）地基不均匀沉降产生的原因

1）地质钻探报告真实性直接影响地基沉降量的大小。地勘报告失真，就会给设计人员造成分析判断的失误。

2）设计方面的原因。建筑物单体太长的；平面图形复杂；地基土的压缩性有显著不同或地基处理方法不同的，未在适当部位设置沉降缝。基础刚度或整体刚度不足，不均匀沉降量大，造成下层开裂。设计马虎，计算不认真，有的不作计算，照抄别的建筑物的基础和主体设计。

3）在施工方面的原因。施工单位质量保证体系不健全，质量管理不到位，原材料质量低劣，施工质量存在质量缺陷：墙体砌筑时，砂浆强度偏低、灰缝不饱满。砌砖组砌不合理，通缝多，半砖、断砖集中使用，拉结筋不按规定标准设置。墙体留槎违反规范要求，管道漏水，下水道堵塞不畅渗水，污水、雨水不能及时排出浸泡地基等都会引起地基的不均匀沉降使建筑物产生裂缝。

（2）预防措施

1）从钻探报告入手，确保其真实性和可靠性。

2）从设计入手，采取多种措施（建筑措施、结构措施等），增强多层住宅的基础刚度和整体性。

3）从施工入手，切实提高施工质量。

4）加强多层住宅的沉降观测。

（3）一般工序

进行地质钻探并编制报告→合理地进行设计→施工前应编制详细的施工方案→按规范、设计、施工方案认真组织施工。

2. 地下防水混凝土结构裂缝、渗水的质量缺陷原因有哪些？预防措施有哪些？

答：（1）原因分析

1）混凝土振捣不密实，出现漏振、蜂窝、麻面等现象。

2）浇筑方法与顺序不当，混凝土未连续浇筑而产生施工缝，且未采取有效的措施处理。

3）浇筑前未做好降水措施，地下水位未低于底板以下500mm。

4）底板大体积混凝土出现温差裂缝、收缩裂缝。

5）施工钢板止水带连接焊缝不严密，施工缝止水带安装不牢固，甚至未设置止水带就浇筑混凝土。

6）后浇带处施工缝处理不彻底，造成局部混凝土不密实。

7）地下室外防水层质量差，不满足防水要求。

（2）预防措施

1）底板混凝土要一次性浇筑成型，不得中途停止浇筑以免出现冷缝。

2）混凝土浇筑需连贯，混凝土间搭接必须在混凝土初凝前完成，以免产生冷缝。

3）大体积的混凝土在施工及养护过程中，采用适当措施以防止出现温差裂缝。

4）可采取在后浇带处预留企口槽或采用预埋止水钢板和止水条的方法避免该处渗漏。

5）地下室侧墙水平施工缝设置在高出地下室底板板面300~500mm之间。

6）施工缝处混凝土浇筑前，应将施工缝处杂物、松散混凝土浮浆及钢筋表面的铁锈等清理干净，在浇筑混凝土之前浇水充分湿润施工缝处混凝土，一般不宜少于24小时，残留在混凝土表面的积水应予清除，确保新旧混凝土接触良好。

（3）一般工序

制订合理的施工方案→底板钢筋绑扎、模板安装→底板混凝土浇筑→墙板钢筋绑扎→止水带安装→墙板、顶板模板安装→顶板钢筋绑扎→墙板、顶板混凝土浇筑。

3. 楼地面工程的质量缺陷产生的原因是什么？预防措施有哪些？

答：（1）原因分析

1）混凝土地面，水泥砂浆面层收缩产生的不规则裂缝。

2）大面积水泥混凝土地面、楼面水泥砂浆层完成后没有按要求留置伸缩缝，或伸缩缝设置不合理，致使室内楼（地）面出现收缩裂纹。

（2）预防措施

1）横向收缩缝间距按轴线尺寸；纵向收缩缝间距≤6mm（横向两轴线间总长度均分）。

2）混凝土地面、水泥砂浆达到设计强度50%～70%时及时锯缝，要求缝线平直，锯缝宽度和深度符合要求（缝深度为板厚额1/3，宽度为5mm）。

3）地下室底板地面建议采用原浆压实抹光工艺。

（3）一般工序

基层清理干净湿润→楼面、地面施工→锯缝（混凝土水泥砂浆达到锯缝强度后）→分格缝清理，防水油膏填缝。

4. 外墙饰面砖空鼓、松动脱落、开裂渗漏的质量缺陷产生的原因是什么？预防措施有哪些？

答：（1）原因分析

1）外墙基础没有清理干净并淋水湿润就开始抹灰，导致抹灰层空鼓、开裂。

2）外墙找平层一次成活，抹灰过厚，导致抹灰层空鼓、开裂、下坠、砂眼、接槎不严实，成为藏水空隙、渗水通道。

3）外墙砖粘结前找平层及饰面砖未经淋水湿润，粘结砂浆失水过快，影响粘结质量。

4）饰面砖粘结时粘结砂浆没有铺满（紧靠手工挤压上墙），尤其砖块的周边（特别是四个角位）砂浆不饱满，留下渗水空隙和通道。

5）粘贴（或灌浆）砂浆强度低，干缩量大，粘结力差。

6）砖缝不能放水、雨水易入侵，砖块背面的粘结层基体发生干湿循环，削弱砂浆的粘结力。

（2）预防措施

1）找平层应具有独立的防水能力，找平层抹灰前可在基层涂刷一层界面剂，以提高界面的粘结力，并按设计要求在外墙面基层里铺挂加强网。

2）外墙面找平层至少两遍成活，并且养护不少于3天，在粘贴砌砖之前，将基层空鼓、开裂的部位处理好，确保防水质量。

3）镶贴面砖前，基层、砖必须清理干净，用水充分湿润，待表面阴干无明显水迹时，即可涂刷界面处理剂（随刷随贴），粘贴砂浆宜采用聚合物砂浆。

4）外墙砖接缝宽度宜为3～8mm，不得采用密封粘贴。

5）外墙砖勾缝应饱满、密实、无裂纹，选用具有抗渗性能和收缩率小的材料勾缝，如采用商品水泥基料的外墙砖勾缝材料，其稠度小于50mm，将砖缝填满压实，待砂浆泌水后才进行勾缝，确保勾缝的施工质量。

（3）一般工序

基础、砖块清理干净，湿润→涂刷界面剂→抹底层水泥砂浆→养护待底层砂浆凝固后→涂刷界面剂→镶贴面砖→勾缝。

第九节 调查、分析质量事故

1. 质量事故调查处理的实况资料有哪些?

答:要清楚质量事故的原因和确定处理对策,首先要掌握质量事故的实际情况。有关质量事故实况资料包括:

(1)施工单位的质量事故调查报告。质量事故发生后,施工单位有责任就所发生的质量事故进行周密的调查、研究掌握情况,并在此基础上写出调查报告,提交监理工程师和业主。在调查报告中首先就与质量事故有关的实际情况做详尽的说明,其内容包括:

1)质量事故发生的时间、地点;

2)质量事故状况的描述;

3)质量事故发展变化的情况;

4)有关质量事故的观测记录、事故现场状态的照片或录像。

(2)监理单位调查研究所获得的第一手资料,其内容大致与施工单位调查报告中有关内容相似,可用来与施工单位提供的情况对照、核实。

2. 如何分析质量事故的原因?

答:事故原因分析应建立在事故调查的基础上,其主要目的是分清事故的性质、类别及其危害程度,为事故处理提供必要的依据。因此,施工分析是事故处理工作程序中的一项关键工作,它包括如下几方面内容:

(1)确定事故原点

事故原点是事故发生的初始点,如房屋倒塌开始于某根柱的某个部位等。事故原点的状况往往反映出事故的直接原因。因此,在事故分析中,寻找与分析事故原点非常重要。找到事故原点后,就可围绕它对现场上各种现象进行分析。把事故发生和发

242

展的全部揭示出来，从中找出事故的直接原因和间接原因。

（2）正确区别同类型事故的不同原因

同类事故，其原因会不同，有时差别很大。要根据调查的情况对事故进行认真、全面的分析，找出事故的根本原因。

（3）注意事故原因的综合性

不少事故，尤其是重大事故往往涉及设计、施工、材料产品质量和使用等几个方面。在事故原因分析中，要全面估计各种因素对事故的影响，以便采取综合治理措施。

第十节　编制、收集、整理质量资料

1. 怎样编制、收集、整理隐蔽工程的质量验收单？

答：隐蔽工程质量验收大的方面可分为：地基基础工程与主体结构工程隐蔽验收，建筑装饰装修工程隐蔽验收，建筑屋面工程隐蔽验收，建筑给水、排水及采暖工程隐蔽验收，建筑电气工程隐蔽验收，通风与空调工程隐蔽验收，电梯工程隐蔽验收及智能建筑工程隐蔽验收等。

隐蔽工程验收单通常包括工程名称、分项工程名称、隐蔽工程项目、施工标准名称及代号，隐蔽工程部位；项目经理，专业工长、施工单位、施工图名称及编号，施工单位自查记录，施工单位自查记录（检查结论和施工单位项目技术负责人签字），监理（建设单位）单位验收结论（监理工程师或建设单位项目负责人签字）。

2. 怎样收集原材料的质量证明文件、复验报告？

答：原材料的质量证明文件、复验报告包括的内容如下：

原材料序号，材料品种或等级，合格证号，生产厂家，进场数量，进场日期，复验报告编号，报告日期，主要使用部位及有关说明。表列表示时，须在表尾有技术负责人和质量检查员的签名。不同的原材料质量证明文件和复验报告的形式和内容不同，可根据需要复验的内容和项目设置。

3. 怎样收集单位（子单位）工程结构实体、功能性检测报告？

答：单位（子单位）工程结构实体、功能性检验资料核查及主要功能抽查记录表包含的内容有：表头包括工程名称、施工单位、序号、项目、安全和功能检查项目、报告份数、检查意见、抽查结果、核查（抽查）人，表末尾还有附注说明的事项。其中核查的项目可分为：

（1）建筑与结构

1）屋面淋水试验记录。

2）地下室防水效果记录。

3）有防水要求的地面蓄水试验记录。

4）建筑物垂直度、标高、全高测量记录。

5）烟气（风）道工程检查验收记录。

6）幕墙及外窗气密性、水密性、耐风压检测报告。

7）建筑物沉降观测记录。

8）节能、保温测试记录。

9）室内外环境监测报告。

（2）给水排水与采暖

1）供水管道通风试验记录。

2）暖气管道、散热器压力试验记录。

3）卫生器具满水试验记录。

4）消防管道、燃气管道压力试验记录。

5）排水干管通球试验记录。

（3）电气

1）照明全负荷试验记录。

2）大型灯具牢固性试验记录。

3）避雷接地电阻试验记录。

4）线路、插座、开关接地检验记录。

（4）通风与空调

1）通风、空调试运行记录。

2）风量、温度测试记录。

3）洁净室洁净度测试记录。

4）制冷机组试运行调试记录。

（5）电梯

1）电梯运行记录。

2）电梯安全装置检测报告。

（6）智能建筑

1）系统试运行记录。

2）系统电源及接地检测报告。

4. 分部工程的验收记录包括哪些内容？

答：分部（子分部）工程质量应由总监理工程师（建设单位项目专业负责人）组织施工项目经理和有关勘察、设计单位项目负责人进行验收。分部工程质量验收记录表表头包括如下内容：工程名称，结构类型，参数，施工单位，项目经理，项目技术负责人，分包单位、分包单位负责人、分包项目经理。

表中内容包括：序号、验收子分部工程名称、分项项数、施工单位评定结果、验收意见。验收的子分部工程名称包括：土方子分部工程、混凝土子分部工程、砌体基础子分部工程、地下防水子分部工程等，其次有质量控制资料、安全和功能检验（检测）报告、观感质量验收等。

验收单位包括：分包单位、施工单位、勘察单位、设计单位、监理单位（建设单位）等。签字人包括分包项目经理、施工单位项目经理、勘察单位项目负责人、设计单位项目负责人、总监理工程师或建设单位项目专业负责人。

5. 单位工程的验收记录包括哪些内容？

答：单位（子单位）工程验收记录包括如下内容：

1）表头包括如下内容：工程名称，结构类型，参数、建筑面积，施工单位，技术负责人，开工日期，项目经理，项目技术负责人，竣工日期。

2）表中内容包括：序号、项目、验收记录、验收结论。

3）验收项目包括：分部工程、质量控制资料、安全和主要使用功能核查及抽查结果、观感质量验收、验收记录、验收结论、综合验收结论。

4）参加验收单位包括建设单位、监理单位、施工单位、设计单位。

5）签字栏包括建设单位公章和单位（项目）负责人、总监理工程师和单位盖章、施工单位负责任人和公章、设计单位（项目）负责人和公章。

参考文献

[1] 国家标准. 建筑工程项目管理规范 GB/T 50326-2006. 北京：中国建筑工业出版社，2006.

[2] 国家标准. 建筑工程监理规范 GB/T 50319-2013. 北京：中国建筑工业出版社，2001.

[3] 国家标准. 建设工程文件归档整理规范 GB 50328-2001. 北京：中国建筑工业出版社，2002.

[4] 国家标准. 混凝土结构施工质量验收规范 GB 50204-2011. 北京：中国建筑工业出版社，2010.

[5] 国家标准. 砌体结构施工质量验收规范 GB 50203-2011. 北京：中国建筑工业出版社，2011.

[6] 国家标准. 建筑地基基础施工质量验收规范 GB 50202-2013. 北京：中国建筑工业出版社，2011.

[7] 国家标准. 民用建筑设计通则 GB 50352-2005. 北京：中国建筑工业出版社，2005.

[8] 住房和城乡建设部人事司.建筑与市政工程施工现场专业人员考核评价大纲（试行）.2012.

[9]王文睿. 手把手教你当好甲方代表. 北京：中国建筑工业出版社，2013.

[10] 王文睿. 混凝土结构与砌体结构. 北京：中国建筑工业出版社，2011.

[11] 王文睿. 手把手教你当好土建施工员. 北京：中国建筑工业出版社，2014.

[12] 王文睿. 土力学与地基基础. 北京：中国建筑工业出版社，2012.

[13] 王文睿. 建设工程项目管理. 北京：中国建筑工业出版社，2014.

[14] 洪树生，建筑施工技术. 北京：科学出版社，2007.

[15] 赵研，胡兴福. 质量员通用及基础知识. 北京：中国建筑工业出版社，2014.

[16] 张悠荣. 质量员岗位知识与专业技能. 北京：中国建筑工业出版社，2013.

[17] 舒秋华. 房屋建筑学. 武汉：武汉理工大学出版社，2007.

[18] 潘全祥. 施工员必读. 北京：中国建筑工业出版社，2001.